中国大城市商务办公建筑布局模式与动因

戚路辉　著

中国建筑工业出版社

审图号：粤AS（2024）066号

图书在版编目（CIP）数据

中国大城市商务办公建筑布局模式与动因／戚路辉
著. —北京：中国建筑工业出版社，2023.12
ISBN 978-7-112-29256-1

Ⅰ.①中… Ⅱ.①戚… Ⅲ.①大城市—办公建筑—建
筑设计—研究—中国 Ⅳ.①TU243

中国国家版本馆CIP数据核字（2023）第184153号

责任编辑：刘　静
书籍设计：锋尚设计
责任校对：赵　力

中国大城市商务办公建筑布局模式与动因
戚路辉　著

*

中国建筑工业出版社出版、发行（北京海淀三里河路9号）

各地新华书店、建筑书店经销

北京锋尚制版有限公司制版

建工社（河北）印刷有限公司印刷

*

开本：787毫米×1092毫米　1/16　印张：12¾　字数：271千字

2023年12月第一版　　2023年12月第一次印刷

定价：58.00元

ISBN 978-7-112-29256-1

（41940）

前言

在欧美西方发达国家，商务办公建筑中的就业人数已超过城市总人口的30%，美国在1985年就已高达40%，涉及产值更是达到GDP的53%；大城市地区则更高，加拿大多伦多市1988年已占到总就业人口的54%。商务办公建筑无论是在经济效益、社会效益，还是在减少工业污染、提高城市环境水平方面都发挥着重要的作用。在我国大城市，如广州、北京、上海、深圳的商务办公空间也逐步显现出其重要地位，伴随着产业转移、经济结构升级，以及基于我国巨大的人口基数背景，商务办公建筑发展潜力巨大，同时也带来土地变革、交通拥挤、小汽车污染等新问题。本书以提高建筑利用效率、节约用地为目标，通过对比国内外主要城市，如北京、上海、深圳、纽约、伦敦等地商务办公建筑发展历史、产业转型与文化积淀，采用对广州市进行进一步深入调研、访谈及数据分析等手段，详细分析商务办公建筑的发展脉络、布局形态、制约要素与聚集条件，总结中国大城市商务办公建筑布局模式与演化动因，并提出城乡规划的管理方法与政策建议。

本书主要集中解决产业、建筑与城乡规划不同学科之间的研究差异，梳理出产业、建筑布局与城乡规划决策之间的相互关系，为大城市商务办公建筑领域中的建筑设计、房地产策划与城乡规划等上下游学科之间搭建桥梁，结合市场发展与政府规划的力量，促使商务办公建筑在城市中合理健康发展。

本书适合从事城乡规划、建筑学、城市公共管理、房地产等专业从业人员及高校相关专业师生阅读，也适合政府管理部门相关人士参阅。

目录

上篇
国内外大城市商务办公建筑发展概述

中篇

典型案例研究
——广州市商务办公建筑布局模式与动因

第9章　广州市商务办公建筑开发强度布局模式与动因

下篇

管理策略研究

第10章　商务办公建筑布局的城市规划管理策略研究

第1章　绪　论

1.1　问题缘起

城市规划是规范城市发展建设，研究城市的未来发展、城市的合理布局和综合安排城市各项工程建设的综合部署。规划的前瞻性不足，会引发城市运行效率低、资源浪费等问题。在当今以多样性与个性定制服务为潮流的时代，中国未来城市产业发展将从以第一、二产业为主向第三产业为主转型，城市经济由生产型经济逐步转向发展智慧型经济，商务办公建筑将成为城市工作的主要活动场所。未来商务办公建筑的发展会带来城市用地及结构多大的转变，现在城市规划应该如何迎接未来的产业转型与空间重心的改变，如何提高城市规划作为促进城市运作效率、提供公平发展环境的作用与价值？问题如此之庞杂，无法面面俱到地进行研究，因此结合目前急需解决的问题，有针对性地选择未来城市的主要产业活动空间——商务办公建筑，进行多角度的深入研究，从城市规划的理论与实践相结合的角度，总结发展经验，从长远发展的角度来探讨商务办公建筑布局的发展规律与趋势。

在西方发达城市，英国从1971年到1989年农业和制造业人口减少了40%和34.8%，而生产性服务业则增长了75.9%，成为吸纳就业人口的主力。现在英国伦敦市、美国纽约市的生产性服务业就业人口占城市总就业人口的40%与33%，1988年的加拿大多伦多市该就业人口数量已占到总就业人口的44%，而我国生产性服务业就业人口从2003年的12.89%提高到2019年的18.85%，仅增长6%。商务办公建筑作为容纳生产性服务业的主要建筑类型，具有较大的经济效益与社会效益，对城市空间结构的影响也至关重要。虽然在我国现阶段商务办公建筑的重要地位还没凸显，但发展迅速。在中国巨大的人口基数上，商务办公建筑占用的土地面积必然非常庞大，因此本书的研究也非常重要与迫切。

1.2　研究背景

马克思在《资本论》中指出，经济基础是构成一定社会的基础；上层建筑是建立在经济基础之上的意识形态及与其相适应的制度、组织和设施，特定的经济基础与上层建筑统一构成特定的社会形态。这也可以看出经济是社会、上层建筑的基石。随着我国经济结构的转型，城市空间作为产业、社会与政治的空间"容器"也必然发生重要转变。

当今世界全球经济一体化已经成为不可逆转的趋势，资本的全球性流动、产业分工日益国际化、跨国公司的全球扩张及资源配给均已超越地域的界限，导致国际经济力量话语权无论对地方政治还是对社会均日益增强。中国也通过加入世界贸易组织（WTO），积极主动地参与了这次全球经济一体化的浪潮，并重新定位了自己的角色，在全球分工中逐渐彰显大国的作用与地位，与此同时，也不得不服从国际产业发展的规律。

1.2.1 国际经济产业的转型导致办公空间的大发展

对大多数发展中国家来说，轻工业、重工业等传统的制造业仍然是经济发展的重要动力，但在发达国家，第三产业产值占比普遍超过60%，其中，美国2021年达到81%，第三产业也成为吸纳就业最多的产业，就业人口占比78.9%。而与办公楼相关产业是第三产业的重中之重，是今后产业空间发展的着重点。其中，信息咨询、金融保险等8类行业占第三产业生产总产值的86.49%、总就业人口的46.07%（表1-1）。其中，商务办公建筑作为最具市场活力的建筑类型，其相关产业产值是政府办公产业的5倍，就业人数是它的2倍。

2021 年美国办公楼相关产业占比分析　　　　表 1-1

建筑分类	产业分类	GDP 产值在第三产值中占比（%）	全职等效员工数在第三产值中占比（%）
商务办公楼	信息咨询	7.19	2.12
	金融和保险	11.03	5.12
	房地产和租赁	13.95	1.70
	专业、科学和技术服务	12.67	7.63
	公司和企业的管理	15.85	1.82
	行政和废物管理服务	9.12	6.73
	其他服务（政府除外）	2.41	4.63
政府办公楼	政府	14.26	16.32
合计		86.49	46.07
合计（占总行业比值）		65.43	42.31

来源：根据美国经济分析局网站整理。

此外，根据1987年诺贝尔奖获得者R. Solow经过长达10年的研究，美国国内生产总值（GDP）增长的90%来自于技术进步，仅10%来自于资本积累的增加。1996年美国新增产值的2/3是由微软这样的高科技企业创造的，而这类根本性的增长源——以科技产生的经济价值创造大多是在商务办公建筑产生的。根据美国的统计，美国城市的基础性产业也由工业逐步转变为服务业和信息行业，主要的经济价值的产出空间也由大跨度的厂房转变成为环境舒适的办公场所，写字楼将成为大城市主要的就业场所。中国也必然要踏上产业转型发展之路，城市办公空间作为今后产业发展的主要空间载体必然引起城市结构的转型。

1.2.2　我国第三产业的发展趋势与机遇

目前，第三产业发展已成为我国城市产业升级换代的主推力，办公职能也已成为引导城市就业的重点。20世纪80年代消费品需求拉动经济增长的阶段宣告结束，进入以城镇化推动为主的经济增长阶段。中国进入以非必需品消费为主的阶段是后城镇化带来的必然结果。在城镇化推动型经济增长中，需求结构发生变化，由此引起资金流动变化，产业发展将出现明显的倾斜趋向，表现为产业结构转换强度增大。与城镇化高度相关的第三产业将有一个飞跃发展，其占比将较快上升。与城镇化发展相配套的高新技术产业和新兴产业有极大的发展潜力，将逐步替代传统的劳动密集型产业。与城镇化发展相适应的耐用消费品产业（如家用计算机、空调机、小汽车等）也将有较大的增长，产业结构转型的步伐将加快（周振华，2001）。随着第三产业的迅速发展，"脑体分离"带来的智力劳动必将面临大发展，以技术研发、信息处理为主要场所的商务办公建筑将成为城市形态发展与就业的重点。

广东省城镇化率于2021年已经达到74.63%，进入城镇化发展成熟期。广州市辖10区1881.06万人，城镇化率达86.46%，第三产业增加值占GDP的72%，整个第三产业已经成为广州市经济增长的重心。其中，与办公活动相关的金融保险、房地产和信息咨询、科研与综合服务、公共行政事务四类职业类型占第三产业就业人口的55.43%，占总就业人口的36.50%[1]。中国与国外发达地区水平相差较远，发展潜力巨大。

1.2.3　城市规划缺乏市场管理经验所面临的问题

目前，中国城乡规划管理以"一法两条例"（《城乡规划法》《历史文化名城名镇名村保护条例》《风景名胜区条例》）为法律依据，实行分级审批、上级备案、审查前置和行政决策的自上而下的规划控制方法。这一构架实际上沿袭了计划经济体制的管理思路。由于城市规划教育中并没有开设企业市场需求的相关课程，因此培养出来的规划、管理、设计人员和专家多从景观、交通角度出发而不是从市场需求角度出发，进而导致很多规划与实际市场需求不符的现象。近年来，规划界对规划实施进行了实施后调研，

1　数据来自广州市统计局官网《2022广州统计年鉴》。

也发现了诸多类似问题。

宁越敏（2000）调查发现，办公楼分布与生产性服务业分布出现空间错位（规划与市场需求错位）；张润鹏（2002）发现天河地区带状商业用地规划带来办公楼仅沿街"一层皮"式分布，造成人流集中于道路两侧、经济效率低下等问题。这些问题都是规划没有真正地从市场需求角度出发而导致的错位管理和控制。田莉等在对广州市城市总体规划实施评价中发现，商业办公用地符合规划的比例最低，商业办公用地、仓储用地、特殊用地等违反规划的比率均达到50%以上（表1-2）。这些现象一方面说明了规划在调控以市场为主要驱动力的领域上作用有限；另一方面也说明规划对市场规律的认识可能不足，甚至可以说城市规划应对市场经济转型出现了滞后现象。姜凯凯（2021）、施梁（2015）提出让城市规划面向市场机制，进行主体、模式、对象的转向，把市场决定的事交还给市场，避免"越俎代庖"的现象发生。

广州市总体规划实施评价 表 1-2

用地性质	符合规划比例（%）	违反规划比例（%）	未实施比例（%）
商业办公用地	15.84	55.77	19.86
仓储用地	20.24	54.22	25.54
居住用地	23.68	56.45	19.86
工业用地	25.39	39.58	35.02
市政设施用地	25.93	46.37	27.70
特殊用地	28.29	55.64	16.07
文体教卫旅游用地	38.95	42.46	18.59
村镇用地	41.62	32.38	26.00
对外交通用地	57.44	29.97	12.59
开放空间	80.52	18.84	0.64

来源：田莉，吕传廷，沈体雁. 城市总体实施评价的理论与实证研究——以广州市总体规划（2001—2010年）为例［J］. 城市规划学刊，2008（5）：90-96. 笔者重新排序。

1.3 商务办公建筑及其相关研究术语的界定

1.3.1 商务办公建筑的界定

根据住房和城乡建设部2019年11月8日颁布的《办公建筑设计标准》（JGJ/T 67—2019）将办公建筑（第2.0.1条）定义为：供机关、团体和企事业单位办理行政事务和从事各类业务活动的建筑物；将商务办公楼（第2.0.3条）定义为：在统一物业管理下，以商务为主，由一种或数种办公空间组成的办公建筑。由于行政办公与商务办公无论是在使用主体，即政府与非营利机构、生产性服务机构，还是在获得土地方式、驱动力量上都有截然不同的构成因素，因此本书的主要研究对象集中在商务办公建筑。

1.3.2　与房地产范畴的写字楼的联系

房地产界所指的写字楼也可以称为办公楼，一般来说是指国家机关、企事业单位用于办理行政事务和从事业务活动的建筑物，其使用者包括营利性的经济实体和非营利性的管理机构。从市场的角度来看，写字楼是指公司和企业从事各种业务经营活动的建筑物及其附属设施和相关场地。根据现代市场分析的方法，写字楼应该属于工业物业。可见房地产范畴的写字楼通常指的是办公建筑内的专业性办公建筑，酒店办公类建筑在房地产中属于商业物业，因此写字楼的特指性更强。本书研究的商务办公建筑以写字楼为主，也涉及以商务活动为主的商务公寓和部分商务性酒店，因此本书研究对象比房地产范畴的写字楼范围更广。

1.3.3　商务办公产业的界定

我国学者在第三产业服务业划分上有多种划分方式。有的划分为两类，即生产性服务业与消费型服务业。方远平（2004）主张将金融业、房地产管理（属于房地产业）、公共居民咨询（属于租赁和商务服务业）、科学研究和技术服务业，四类企业归为生产性服务业。尚于力（2008）主张将生产性服务业划分为交通运输仓储及邮政通信服务、批发零售服务、金融保险服务、计算机服务、租赁和商务服务、地质勘查和水利管理服务六个行业门类，再根据业务活动特点将生产性服务业划分为流通服务、信息服务、金融服务、商务服务、科技服务五大类别，该划分标准由北京市统计局于2009年下发的《关于印发〈北京市生产性服务业统计分类标准〉的通知》加以确定。郭岚等学者（2010）将服务业划分为生产性服务业、流通性服务业、消费型服务业和社会性服务业四类。

上海市经济和信息化委员会在2008年将上海生产性服务业分类定义为：①大口径，按主要面向生产者的服务业来划分，涵盖了金融业、信息服务业、交通运输业、商务服务业、批发业等；②小口径，按制造业产业链中的服务业来划分，包括研发、物流（仓储）、销售、维修、财务、培训、保障服务等。具体包含总承包、总集成，物流服务，商务服务，金融服务，咨询服务，专业维修服务，节能环保服务，设计创意服务，科技研发服务，职业教育服务10个产业。

实际上，1975年美国经济学家布朗宁和辛格曼在《服务社会的兴起：美国劳动力的部门转换的人口与社会特征》中，将服务业分为四类，即生产者服务业[1]（商务和专业服务业、金融服务业、保险业、房地产业等）、消费者服务业（又叫个人服务业，包括旅馆、餐饮业、旅游业、文化娱乐业等）、流通服务业（又叫分销或分配服务业，包括零售业、批发业、交通运输业、通信业等）和社会服务业（政府部门、医疗、健康、教育、国防）。这种分类方法得到了联合国产业分类的支持，按照联合国产业分类标准（ISIC），服务业的四大部门是消费者服务业、生产者服务业、分配服务业及由政府和非政府组织提供的公共服务业。辛格曼（1978）和艾尔福瑞（1989）也采用了类似的分类方法。生产性服务业（也称生产者服务业）具体是指为保持工业生产过程的连续性，促进工业技术进步、产业升级和提高生产效率提供保障的服务行业。一般认为，所谓生产性服务业是与制造业直接相关的配套服务业，是从制造业内部生产服务部门独立发展起来的新兴产业，一般都具有相当的知识含量，它的主要功能是为生产过程的不同阶段提供服务产品，贯穿于企业生产的上游、中游和下游诸环节，主要包括金融、保险、法律、会计、管理咨询、研究开发、市场营销、工程设计服务等。

我国在颁布《国务院关于加快发展生产性服务业促进产业结构调整升级的指导意见》（国发〔2014〕26号）和《国务院关于印发服务业发展"十二五"规划的通知》（国发〔2012〕62号）之后，由国家统计局国家发展和改革委员会印发了《生产性服务业分类（2015）》，并于2017年根据新颁布的《关于执行新国民经济行业分类国家标准的通知》（国统字〔2017〕142号）进行修编，才正式确定了《生产性服务业统计分类（2019）》（国统字〔2019〕43号）标准，分为10个大类：研发设计与其他技术服务，货物运输、通用航空、生产仓储和邮政快递服务，信息服务，金融服务，节能与环保服务，生产性租赁服务，商务服务，人力资源管理与职业教育培训服务，批发与贸易经营代理服务，生产性支持服务。该标准较以往的生产性服务业更加细化，但也存在将物流、环保、租赁乃至批发行业并入后，生产性服务业的创新价值难以评估的问题。

综上所述，参照国际标准，第三产业可以划分为以下四类。

生产性服务业：包括房地产管理、咨询服务、综合技术服务、金融业、保险业、企业管理机关。

个人服务业：公共饮食业、居民服务业、广播电视业。

社会性服务业：包括公用事业、卫生事业、体育事业、社会福利事业、教育事业、文化艺术、国家机关、社会团体。

分配性服务业：包括交通运输、邮电通信业、商业、物资供销和仓储业。

生产性服务业作为经济发展的"黏合剂"和"引擎"，已成为现代服务经济体系中最有活力和增长最快的部门。本书研究的商务办公产业主要定位的是生产性服务业，主

---

1 本书采用更为通用的生产性服务业（producer services）的译法。

要包括金融保险、房地产和信息咨询技术服务、科学研究、综合技术服务四种功能类型。物流业主要使用的工作空间为仓库厂房，且包含较大量的体力劳动，因此本书研究不包含物流业。对属于个人服务业的出版及广播电视业，虽然也属于信息加工与传递行业，但由于就业人口数量仅约1万人（广州2021年底数据），因此本书研究忽略不计。

根据国家统计局颁布的《国民经济行业分类》（GB/T 4754—2017）与《生产性服务业统计分类（2019）》行业分类标准及办公活动特征，以及研究时间跨度不同，将商务办公产业分为信息传输、软件和信息技术服务业、金融业、房地产业、租赁和商务服务业、科学研究和技术服务业五类主要的行业，并进行中类数据的重新调整，以保证前后统一口径。其中，信息传输、软件和信息技术服务业包括电信、广播电视和卫星传输服务、互联网和相关服务软件及信息技术服务业，金融业包含货币金融服务、资本市场服务、保险业及其他金融活动，房地产业仅包括房地产业一类，租赁和商务服务业包含租赁业和商务服务业两类，科学研究和技术服务业包含研究和实验发展、专业技术服务业、科技推广和应用服务业三类。

1.3.4 商务办公用地的界定

以下界定参照住房和城乡建设部颁布的《城市用地分类与规划建设用地标准》（GB 50137—2011），由于本研究主要面向市场服务的商务办公建筑，因此用地主要属于商业服务业设施用地（B）的商务设施用地（B2），其中包含金融业用地（B21）、艺术传媒产业用地（B22）、其他商务设施用地（B29），并不包含公共管理与公共服务用地（A）的中类行政办公用地（A1）及科研教育用地（A3）中的科研用地（A35），主要是由于这类用地大多为政府划拨，不参与市场运营。此外本书研究数据涉及2012年以前用地标准时，只研究行政办公用地（C1）的非市属办公用地（C12）、金融保险用地（C22）、贸易咨询用地（C23）三类小类城市用地。

1.4 研究框架

本书研究框架主要按"回顾历史—分析现状—探讨总结"的研究顺序，将研究内容从总体上分为三部分。上篇主要为国内外已有商务办公建筑发展现状、经验理论与背景研究，这里包含第2~4章。

中篇重点为广州市商务办公建筑布局模式与发展动因的研究，包括第5~9章，这一部分也是本书研究的重点。首先，分析广州市商务办公建筑发展的历史，从中研究地理、产业、文化与企业等发展背景，从中总结商务办公建筑发展的时代环境与地理条件。其次，将商务办公建筑布局分为空间布局特征、职能布局特征、形态布局特征及开发强度布局四部分进行研究。通过对广州市商务办公建筑的历史演变规律，以及商务办公的建筑、用地、开发强度、企业、就业分布的研究，详细勾画出商务办公建筑相关空间与企业经济布局外在的表现特征。并研究城市总体规划、政策作用、产业结构对商务办公建筑空间布局的影响，城市格局、企业需求与决策对职能布局的影响，公共服务设施等对商务办公建筑布局的空间形态的带动效应，以及管理法规与经济作用对开发强度分布的影响。根据以上思考，可以总结为商务办公建筑布局"背景（经济、文化、社会发展条件）—分布特征与布局模式（模式特征）—动因：外在影响要素（城市法规、公共设施等政府作用）、内在需求要素（产业聚集、经济利润等市场需求）"由表及里的三个主要研究内容。

下篇进一步研究、总结以市场需求为导向的商务办公建筑管理办法，找出城市规划管理与实施方法的改进，提出规划管控方法的建议。具体研究框架如图1-1所示。

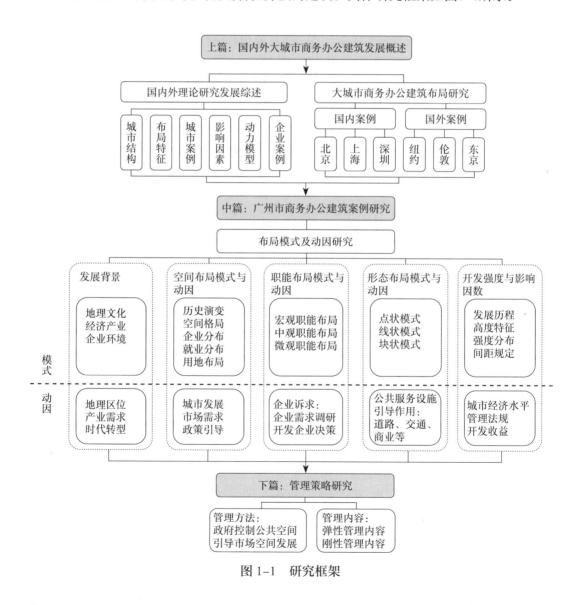

图1-1 研究框架

上篇

国内外大城市商务办公建筑发展概述

第2章　　国内外理论研究综述

本书是对商务办公建筑空间布局结构的形成、组成要素及影响机制进行的研究，国内外相关研究已从物质空间、经济、社会等不同视角，获得了丰硕的研究结果，梳理相关研究进展对本书研究有很好的借鉴意义。

2.1　国外研究视角综述

2.1.1　研究的物质空间视角

历史上对建筑布局的空间研究是人对城市空间使用与反馈的结果。工业化以前对建筑布局的空间研究主要是对空间形态、围合关系、体现文化制度的空间序列关系等的研究。代表研究有卡米诺·西特（Camillo Sitte）于1889年出版的《遵循艺术原则的城市设计》，对欧洲中世纪和谐有机的空间形态与城市结构进行了系统描述和理论总结，唤起了人们对工业化后快速城镇化导致丰富空间景观丧失的警觉。1922年勒·柯布西耶（Le Corbusier）出版的《明日的城市》宣告了对工业化城市空间的向往，并勾画出理想的空间形态。城市设计成为一个学科后，空间的视角也成为一个专门的研究课题。20世纪60年代后，关于建筑布局涉及的空间研究开始注重文化价值及社会个人体验，对形体空间与人类文明情感进行了深入研究，如1959年凯文·林奇（Kevin Lynch）出版的《城市意象》，从人类识别城市的调研基础上提出路径、边缘、标识、节点与区域城市形象五要素。日本建筑师芦原义信的"积极空间与消极空间"、黑川纪章的"灰"空间理论都是在视觉与感受体验基础上提出的空间视角。此外，还有亚历山大（C. Alexander）提出的半网络城市，雅各布斯（Jane Jacobs）提出的城市功能交织，麦克哈格（Ian Lennox McHarg）提出的生态规划设计，西蒙兹（John Ormsbee Simonds）提出的大地景观。20世纪末，在经济的全球一体化和以计算机技术为主的信息化推动下，城市规划中关于空间理论研究的重心由传统的空间物质形态研究转向经济产业、社会空间视角的研究。

2.1.2　研究的经济视角

在工业革命后，随着全球范围消费经济的崛起，经济因素已经成为支配城市建筑布局的主导力量。

1. 古典主义学及新古典主义学

古典区位理论建立在古典经济理论完全经济人假设上，以运输成本为主要考虑变量，以杜能（Von Thünnern）农业区位理论为起点，由韦伯（A. Weber）、勒施（A. Lösche）、艾莎德（W. Isard）发展出工业区位等理论。随着经济危机爆发与运输成本降低，以市场机制为基础，以利润为主要驱动力的新古典主义学应运而生，其引入空间交通成本作为变量、从最低成本区位的角度，探讨市场经济理想竞争状态下的区位均衡过程，解析城市空间结构的内在机制（唐子来，1997）。两种学派作为一种规范理论（normative theory）都是基于理想经济状态的，如经济理性、完全市场竞争、收益递减、利润最大化的假设，与现实差距较大，尤其是完全竞争假设不适合空间问题的研究，完全信息与完全理性很大程度上制约新古典经济学研究的空间意义（金相郁，2004）。

2. 行为经济学

1960年出现的行为学派反对新古典主义学派过于理想化的假设，提出有限理性，具有不完全信息、优先预测、有限认识力量、动态偏好的特征（R. H. 德伊，1983），赛默恩（H. A. Simon）认为在有限理性的约束下，每个人的追求不同，甚至追求满足次优（the second best）。哈密尔顿（F. E. Hamilton）强调企业区位选择取决于企业的社会属性即住址管理目标，最终形成企业地理学理论。行为经济学可以说是将新古典主义的外在因素（如运输成本、原料市场分布）拓展到行为主体的研究，将社会学引入经济学研究，使得研究目标更加实际，研究方式更为人性化。

3. 新经济地理学

新经济地理学质疑了新古典经济学的完全竞争市场与收益递减假设，克鲁格曼（P. Krugman）提出生产要素的收益递增和市场的非完全竞争，良好的市场接近性加强企业生产活动，导致企业更倾向于集中布局在该区域。这种正反馈（postive feedback）产生了中心城市，这也是多重区位决定的，而且会产生累积循环的作用，其中的力量包含市场接近的作用、产业聚集的前向联系和后向联系的作用，灾难作用、经济体系的自组织等。聚集是收益递增、运输成本与要素移动相互作用的结果。

4. 柔性生产方式理论与新产业空间理论

1980年后发达国家产业再结构化，生产方式由工业革命时期的大批量生产方式转向柔性生产方式，生产方式的改变对城市空间产生较大影响。首先是随着产品与生产技术的周期变化，企业在城市空间选择上也会出现周期变化；其次，产品研发阶段集中于大城市中心，大量生产阶段集中在大城市周边，产品衰退则集中在非城市区。在柔性生产方式主导的产业结构中，网络经济与网络效应的作用越来越大，推动降低成本、增加收益。高新技术企业生产就属于明显的柔性生产方式。

新产业空间理论认为，企业内部交易成本大于企业外部交易成本，导致企业空间集中，反之则造成空间的向外扩散。在柔性生产方式下，区位的核心不是聚集经济、规模经济，而是对环境的适应能力。

2.1.3 研究的社会视角

经济、文化、科技与制度等变革最终会导致人类社会群体的变化，进而影响社会过程的"物质化载体"——城市空间（刘易斯·芒福），因此社会学的视角是研究建筑在城市空间布局的另外一个重要的研究视角。

1．古典社会学

古典社会学的研究方法可以分为三大阵营，即实证社会学、人文（理解）社会学与批判社会学。前者以迪尔凯姆（Émile Durkheim）为代表，他提出在集体主义基础上的"社会唯实论"，提出社会第一、个人第二的"集体意识"。德国社会学家韦伯（M. Weber）为人文社会学的代表，认为社会学不同于自然科学，绝不能效仿自然科学的研究方法。他认为社会行动可以分为目的理性、价值理性、情感和传统行动。马克思（K. Marx）开创了社会学的批判理论传统，主张以社会现象在社会与历史过程中的地位和作用来确定其性质与意义，更是揭示了资本主义两大阵营的建立与分化。

2．芝加哥学派的空间研究

沃斯（Louis Wirth）试图从文化的角度将城市空间形态与社会关系联系起来，在《作为一种生活方式的城市性》中提出人口规模、密度与异质性三种城市性因素，即一个地区城市人口规模越大、密度越高，其异质性越强（付磊，2008）；伯吉斯（Burgess）的城市空间同心圆模式及荷马·霍伊特（Home Hoyt）的扇形模式等都是这一时期的典型空间研究模式与重要研究结论。

3．新马克思主义的空间研究

新马克思主义继承马克思主义对资本的社会批判，属于激进的小资产阶级思潮，主要代表人物法国学者列斐伏尔（Henri Lefebvre）提出空间生产的历史方式分为绝对的空间、神圣的空间、历史性空间、抽象性空间、矛盾性空间与差异性空间六个阶段（刘怀玉，2003）。美国学者大卫·哈维（David Harvey）延续资本积累与阶级斗争的观点，提出资本在工业品、基础设施、公共服务的三次循环来解释资本运动与城市空间发展的关系。

4．新韦伯主义的空间研究

英国的新韦伯主义认为生产资料的占有不是划分阶级的唯一标准，经济地位、社会地位和政治权利是导致社会分层的三个主要因素。伯尔认为城市资源分配并非完全取决于自由市场，而是由政府的制度所决定的，由"城市经理人"个体掌控，城市资源无法被多个个人与团体同时占有，个人生存机会分配的不平等是城市内社会冲突的根源。

2.2　国外商务办公建筑布局研究进展

由于西方工业文明出现较早，西方学者对商务办公建筑布局的研究也已经历了半个多世纪，从技术手段、地域背景出发，从理论假设研究到实证性研究，从宏观到微观，从地理学到经济学、企业行为学、建筑学不断扩散与深入。1933年W.克里斯泰勒（Walter Christaller）在"中心地理论"（Central Place Theory）中提及的服务中心，就包含了管理、专业服务等商务办公相关职能。到了同心圆理论、扇形城市理论，直至近代的中央商务区（CBD）理论，都离不开现代城市经济中心的产业管理与服务职能。而国内对商务办公建筑布局的研究起源于20世纪80年代，我国改革开放后，大、中型城市新建的中央商务区逐渐增多后才开始出现相关研究。

2.2.1　国外商务办公建筑布局研究发展历程

国外自20世纪60年代以来，随着经济产业结构的不断升级，以生产性服务业务为核心的现代服务业逐渐成为大城市的产业支柱，因此对其主要空间载体——办公产业（office industry）的研究成为热点。学术界关于商务办公建筑布局的研究也逐步多元化和系统化，对城市就业、办公业、办公区位选址和商务办公建筑布局演变进行了一系列的理论探讨和实证研究。对商务办公建筑布局的研究主要集中在城市经济学、房地产和城市地理学等领域，而城市规划研究主要集中在中央商务区的空间布局和发展研究方面。城市经济学对商务办公建筑布局的关注主要是从成本和效率最大化的角度出发，探讨商务办公建筑布局的宏观与微观区位选择和空间效益。房地产的研究主要是从商务办公建筑布局的供需平衡、投入产出等经济利润的角度探讨商务办公建筑布局的开发要点。而城市地理学的研究则是从城市肌理和空间发展结构与相关影响要素之间的关系出发，探讨城市商务办公建筑布局的地理演化、动力机制等内在要素的关系。

1．早期的研究

早期商务办公建筑布局的研究是对整座城市或城市中心的功能结构与形态的研究，其内容反映了商务办公建筑布局的一些布局特征。芝加哥学派从城市用地形态和空间布局总结出包括商务办公建筑的城市布局特征，其代表人物欧内斯特·沃森·伯吉斯（E. W. Burgess）1925年提出城市用地发展环绕市中心，呈同心圆带向外扩展的同心圆理论（图2-1）。荷马·霍伊特在该研究基础上，考虑到由于城市道路交通的易达性（linear accessiblilty）和城市历史形成的定向惯性（directional inertia）的影响，提出扇形和楔形模式（图2-2）。哈里斯（C. D. Harriss）和乌尔曼（E. L. Ullman）则继续发展多核心模式，认为城市中心具有多元化特征和城市地域结构分异的特征，并非只形成一个商业中心区，而是多个，其中一个主要商业区为城市核心，其余为次核心。这也是由于不同城市的历史、地理、交通等因素而形成的不同特征。因此，在早期的研究中，商务办公建筑

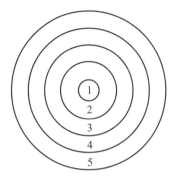

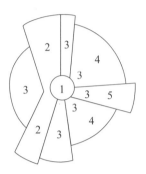

1– 中央商务区；2– 过渡地带；3– 工人住宅区；
4– 中产阶级住宅区；5– 通勤带

图 2-1　伯吉斯同心圆理论

来源：冯长春，杨志威. 欧美城市土地利用理论研究
评述［J］. 国外城市规划，1998（1）：2-9.

1– 中心商业区；2– 批发和轻工业带；3– 低收入
住宅区；4– 中收入住宅区；5– 高收入住宅区

图 2-2　霍伊特楔形模式

来源：冯长春，杨志威. 欧美城市土地利用理论研
究评述［J］. 国外城市规划，1998（1）：2-9.

布局对空间和经济作用都不是很大，常常与商业空间一起被列入城市核心区加以研究。

　　2．中期的研究

　　中期的商务办公建筑布局研究主要是在墨菲（R. E. Murphy）、万斯（J. E. Vance）和爱普斯坦（Epstein）对美国中央商务区研究带动下发展的。1955年墨菲等对CBD内商务活动的区位进行了研究，认为第一圈层也就是核心圈层是零售业集中区，第二圈层是零售服务业、金融业等办公机构集中区，第三圈层是办公机构及旅馆，第四圈层大部分为商业性较弱的活动区，提出具体测算办法；此外，还有1959年斯科特（Scott）对澳大利亚CBD内部结构的研究，认为商务办公圈总是在CBD的一侧发展。

　　早期与中期的商务办公建筑布局研究是在城市经济空间分布研究基础上建立的，级差地租理论是其主要的理论支撑。但中期研究逐步注意到商务办公建筑布局的独立性，在研究方法上也开始从早期的定性研究逐渐过渡到定性、定量相结合的研究。

　　20世纪50年代以后，随着第三产业的发展，办公产业逐步强盛，商务办公建筑布局逐步作为专项研究出现。胡佛和费农于1959年基于美国纽约市金融业的空间分布研究，总结出大公司的总部和相关的服务机构集中分布于城市CBD地区，而产值低的简单重复性的办公活动则多分布于城市周边的郊区。60～70年代，西方学者在讨论城市办公活动相互关联性的基础上，按生产工序划分办公活动的层次，并确定不同层次办公活动的区位倾向，逐渐形成了以克莱普、戈迭德等为代表的办公室区位均衡理论（温锋华，2008）。

　　1972年海格（Haig）发表的《纽约地区规划研究》是针对办公业的重要研究，研究指出，办公业在纽约中心区占优势地位，华尔街由于金融的重要性占据该地区的中心地位，但更常规和地方化的办公活动在整个地区的分布还是比较分散的。

3．后期的研究

后期的研究内容逐步专业化、细致化，对商务办公建筑空间分布特征与动因有了更为深入的理解。其中包括，专门研究各类型办公空间，如智慧产业（金康善，2003）、互联网企业（王斌，2017）、金融业（傅宇，2023）等；研究影响要素，如户外环境（洛特鲁普，2012）、城市绿道影响（张明俊，2016）、地铁覆盖程度（科普切夫斯卡 等，2018）、在家工作模式（贝尔格 等，2023）等；以及研究内在动因，如写字楼市场动态变化（程立福，2007）、办公企业选址决策（埃尔加 等，2010）等。

2.2.2　国外商务办公建筑布局研究方法的演变

1．早期的定性研究方法

早期商务办公建筑布局研究主要通过对一座城市发展模式的总结与理想的市场模型进行比较，以描述和分析为主，是一种逻辑性的判断与分析的研究，缺乏现实基础数据的支撑。其主要原因首先是早期数学、统计学发展不完善，数据统计工作也较为少见；其次，早期学者的知识结构以工程学、社会学为主，缺乏数学研究背景，量化研究少，所以主要以定性为主。因此，该阶段的研究结论争论性较大。

2．中期的定量研究方法

中期逐步从描述性研究转为强调理论与实际相结合，使用以数据事实说话的科学研究方式，从社会学的描述方式逐渐转变为实验性量化研究方式。此时多采用统计与社会访谈相结合的方法，从而建立起相关的数理化模型。

这主要是因为在20世纪70年代后期，应用统计学的不断进步及计算机科技的发展，推动了整个研究走向计量化、精细化发展。其中，克莱普、托臣和怀特建立CBD办公企业的均衡模式来分析租金变化和运输成本对办公区位和联系方式的影响，是建立数量模型探讨商务办公建筑布局的代表性事件之一。90年代后，数理统计分析开始逐渐盛行，商务办公建筑布局的相关研究主要运用其中的聚类分析法与判别分析法。此时出现运用均衡模式分析租金、运输成本对办公布局的影响（托臣 等，1993），运用层次分析法、回归树分析法、聚类分析法、主成分分析检验、克拉克负指数公式等方法对英美地区办公活动密度（史密斯，1995）、商务办公建筑布局多样化纬度（希尔斯利，1996）等进行研究。

3．后期的多种类研究方法的融合

后期，由于经济学的产业理论及管理学的企业发展理论快速发展，尤其是信息技术的发展迅速地改变了城市形态，单一学科已经无法解释当今社会的城市发展现状。社会学、地理学、经济学甚至企业管理学都来研究探讨同一个课题，多种研究方法不断结合，使商务办公建筑布局研究向纵深发展。

2.2.3 国外商务办公建筑布局主要研究成果

商务办公建筑布局的研究成果可以梳理为两个主要方面：办公空间的外部特征与演化规律，办公空间的内部企业组织、经济需求与演化规律。

1. 外部特征与演化规律

商务办公建筑布局的外部特征研究主要是从分布特征研究其地理上的分布规律与演化规律，这种研究起步较早，前面提到的伯吉斯同心圆理论等就是早期的从城市形态特征总结出的研究理论。

一方面，研究集中于商务办公建筑布局的分布特征。典型的有戈特曼对加拿大的研究，研究发现办公建筑一般沿轨道交通、高速公路两侧或者两者的交会地段分布，或者在高级居住区附近集中布局。卡里·皮沃（Cary Pivo，1990）提出了混珠式（net of mixed beads）的布局理论，也同样指出集簇点（10万～30万平方米规模）交错地分布于高速公路走廊带，最大的即密度最高的集簇点（100万～200万平方米规模）位于高速公路的交会点。企业选择办公地点时倾向于交通主干路与大众交通节点的附近。

另一方面，企业的分布聚集与分散也是一个研究重点。商务办公建筑的聚集是与城市共同发展的。在西方国家经历城市化、郊区化与再城市化的过程中，商务办公建筑的分布也随之变化。在城市化阶段，由于办公业还不是很发达，中心区主要以零售业为主，高级别的服务业如律师事务所、会计事务所也集中于中心区。随着郊区化的发展，人口、商业和制造业继续向城市边缘区转移，金融业等办公服务业随之兴起，促使郊区办公副中心出现；中心区的办公区逐步衰退或萎缩，但组织和控制核心仍集中在市中心区。在城市化进程中，在政府的强力推动下，旧城区成为改造重点，城市环境、交通等设施得以全面提升，促使企业重新回归，如伦敦的道克兰区（Dock lands）、纽约的曼哈顿中城（Midtown）住宅区都经改造后成为城市商务区。

2. 内部企业组织、经济需求与演化规律

这一分支的研究更多的是以城市经济学、金融经济学，以及新兴的企业地理学、制度经济学为主要的研究力量。这类研究开始的时间较晚，大多通过对地区的实地研究，从成本、产出、企业链关系等与企业相关的市场角度出发，对企业聚集与分散的内部、外部原因进行梳理研究。

阿姆斯特朗（L. Armstrong，1972）在对纽约进行多年研究后，按照企业市场腹地范围将办公活动划分为三个层次：全球公司总部主要集中在纽约中心的中央商务区；中等市场的办公活动则蔓延在合计人口15万的周边区域；以地方性市场为主要腹地的办公活动，如金融、保险的分支机构与地方政府则接近客户，蔓延在各居住区附近。

桑格伦（B. Thorngren，1970）把办公活动划分为执行职能（program）、计划职能（planning）和导向职能（orientation）三个层次，低层的执行职能一般分布在城市外围租金较低的郊区，高层的导向职能则继续留在城市中央商务区。戈达德（J. B. Goddard，1975）通过对伦敦市中心区办公活动的职能关联、空间布局和交通联系等要素的调查与数据统计，研究出办公活动之间的空间关联性与选址区位存在一定的对应性。盖德（G.Gad，1985）也得出类似结论。他在加拿大多伦多市发现，面对面的联系是办公聚集的主要原因。为了将联系成本降到最低，中心区大多成为办公企业的聚集地。只有在企业规模扩大、原地缺少商务办公建筑的情况下才会将办公企业迁往郊区发展。随着通信技术的快速发展，一些不需要面对面的办公活动可以分离，尤其是较低等级的日常事务工作，类似于电话查询服务的工作甚至可以分包到国外（温锋华，2008）。

此外，研究企业与外部因素之间的关系，如与政府的关系，也是一个内部企业办公研究的主要课题。南金博（KeeBom Nahm，1999）将韩国首尔中心区办公活动聚集的主要原因归纳为：首先，商务机构之间及与政府部门之间的面对面交流是首要原因；其次，聚集受到周边工业与商业活动的影响。这在亚洲的韩国、日本及中国这种以国家力量促进经济发展的国家表现得比较强烈，政府集中大量资金对企业进行补贴扶助，使得企业与政府结成利益共同体，紧密结合。

在再城市化阶段及新城区建设上，政府常常组织官方的开发机构，联合政府与民间企业，共同对一些衰败地区进行重新开发。以政府的信誉作为担保，往往能吸引较有实力的开发公司参与，因此效果良好。著名的有法国德方斯。法国政府于1958年成立EPAD，40年后，荒芜的760hm²新区用地被扩大了一倍，建成215万平方米写字楼、32hm²公园、1.56万套住宅、2.6万个集中停车位、1200家企业及12万雇员的世界性商务区。

在国外相关办公产业空间形态的研究内容上，有大都市区聚集（Noyyele et al.，1984；Beyers，1993）、远程通信技术影响（Scott，1988）、外部规模经济聚集效应（Illeris，1989）、大都市区区位墒研究（Gilmer，1990）、反大都市区聚集（Daniels，1995；Schamp，1995）、空间聚集过程与格局（T. Hutton，1987；A. Airoldi，1997；C. Boiteux Orain，2004；W. J. Coffey，1996、2000、2002）等；在研究手段上，结构主义的普雷德"行为矩阵"、艾萨德的"报偿矩阵"为服务业区位提供非经济学的分析工具；在动力机制上，主要归结为面对面接触（Haig，1926）、顾客区位、多样劳动力成本和可获取（Beyer，1993）、相关产业布局、商业活动密度（Harington，1995）、企业战略（P. W. Daniels，1995）、非正式社会关系（D. Keeble，2002）、文化资本（R. Stein，2002）等。

从企业视角出发的研究主要以英、美为代表，如阿姆斯特朗（1972）从企业腹地、盖德（1985）从企业功能空间与交通关联性、库特耶（1986）从新技术对企业的分化作用、卡布孙·金（2003）从创业企业动态需求等不同角度进行空间分布与动力机理研究等。科菲（Coffey，1987）等以信息投入费用（包括通信、交流费用）、工资（包括雇佣高素质劳动力的费用）、销售费用最小化为原则，按照接近因素（接近客户、信息源）、通达因素（交通、信息等基础设施）、环境因素（区位知名度、居住环境）、个人因素（决策者喜好）等内部因素，以及企业上下游产业联系网络的外部因素进行研究总结，将办公区微观因素归纳为定量模型。斯科特（1988）总结出企业组织内部因素如行业类型、管理策略、管理方式、投资策略等影响企业的选址，是企业聚集中心区还是分布于郊区的主要内部因素。金康善（Kabsung Kim，2003）等对韩国智慧型产业抽样调查后发现，初创的企业都对租金比较敏感，首先选择在租金低的当地办公，而在成功后倾向于在首都办公；并且他量化这类企业为中小企业，指出当人数平均为43人而营业额达到89亿韩元（约合613万元人民币）时，这类企业才会集中在首都办公。随着产业的发展，国外相关研究从探究要素供给和市场需求对产业聚集作用的古典、新古典区位论，到以市场需求为决定因素的现代区位论（行为、战略、结构等区位论），再到基于企业的区位研究，成为产业空间聚集研究的一大趋势。

综上所述，西方学者对商务办公建筑布局的研究从当时的技术手段、地域背景出发，从理论假设研究到实证性研究，从宏观到微观，从地理学到经济学、企业行为学、建筑学不断扩散与深入，其中主要涉及两个方面，即商务办公建筑布局的内部企业组织、经济需求与演化规律，商务办公建筑布局的外部空间特征与演化规律。随着办公产业的发展及研究手段的提高，国外对商务办公建筑布局研究不断深化：研究角度从综合多视角到专业细致化，研究内容从单一侧面到综合全面，研究手段由空间形态定性归纳到数据统计定量模拟。但西方商务办公建筑布局理论研究的一个基本前提为：办公活动是按照市场要素自主进行区位选择的，这是形成商务办公建筑布局的主要内在动因，其布局形态则是这种内在因素的外部反映。

2.3 国内商务办公建筑布局研究进展

2.3.1 国内商务办公建筑布局研究历程及内容

我国在改革开放以前，一方面由于经济发展水平限制，商务办公建筑需求较少，主要以由政府与国营企业管理用房为主，因此研究相应较少；另一方面，土地由国家按计划经济统一划拨，因此办公建筑建设缺乏活力。所以商务办公建筑布局的研究几乎是从20世纪80年代才开始的。

国内商务办公建筑布局的研究从上海浦东开始，以上海市规划设计院1986年首次提出建设陆家嘴CBD为起点，并开始对其进行研究和探讨；其后经历了阎小培（1993）、孙一飞（1994）、李雪研（2002）等的研究。但这些研究注重分析CBD土地利用，多以空间结构特征、功能与结构的特征及演变为主，揭示其内在规律及演变机制；侧重于制定具体城市CBD功能，结构调整的目标、思路、方案，从而对CBD发展作出规划。由于这些研究以CBD概念、模式分析为主，实例及量化关系研究较少，也不针对商务办公建筑布局进行研究。其与商务办公建筑布局研究相关的主要有总部经济及生产性服务业研究。

梳理中国知网（www.cnki.net）近30年围绕空间布局与规划相关的"商务办公建筑""写字楼""中央商务区"关键词可以获得518篇学术期刊论文、559篇学位论文及其他共1255篇文献，可以看到从2000年到2020年近20年的中央商务区建设高发期相关论文数量比较多，高峰期出现在2007年和2013年（图2-3），也正是"北上广"地区大量修建中央商务区的高峰期，相关主题有中央商务区、写字楼、城市综合体、城市中心区等（图2-4）。研究城市主要集中在北京、广州、上海等大型城市，最近几年也出现了郑州、宁波等地的案例研究。

早期，宁越敏（2000）通过电话黄页研究上海市生产性服务业和办公楼的空间布局特征，发现上海出现多中心格局、办公楼分布与生产性服务业分布出现空间错位等现象。

戴军（2004）研究上海市中心城区商务办公区，发现上海市中心城区已初步形成多

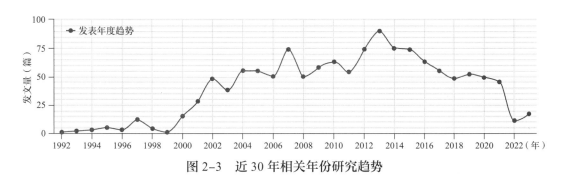

图 2-3　近 30 年相关年份研究趋势

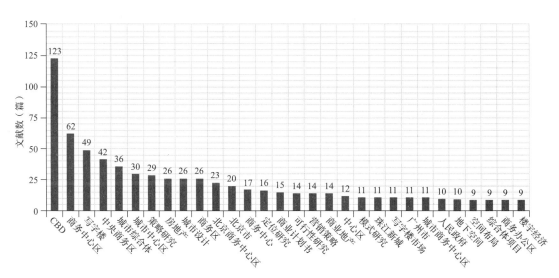

图 2-4　近 30 年相关研究主题排序

来源：中国知网检索（www.cnki.net）检索整理。

个不同规模的商务办公区，且商务办公区呈等级分异；多个商务办公区围绕CBD集聚分布；依托开发区形成特色商务办公区；中心城区外围形成小规模办公集聚区。并从城市社会经济发展水平、政府政策和作用、社会文化、交通、通信、城市环境等区位因子，探讨了上海商务办公区的形成机制。

唐晓莲（2006）对广州市写字楼的发展历程、功能演变特征与动力进行了分析，认为广州写字楼经历了"分散—相对聚集—进一步聚集—聚集与分散并存"的发展历程，并由城市中部向东、南部转移。城市经济发展水平及其产业结构变化、政府政策、城市规划及城市性质转变、交通与通信、城市环境、外商投资等是影响广州写字楼演变的主要动力因素。她还指出，不同性质、不同行业的用户在写字楼的选择上存在明显差异：外资企业、金融业、互联网技术（IT）行业、专业服务业集中度较高，形成明显的聚集区域；贸易业、制造业分布较分散，写字楼用户规模偏小，消费方式单一。

陈立福（2007）针对广州写字楼自然空置率进行了研究，并使用了基本模型、拓展的基本模型与双向决定模型进行实证计算，还对现存问题、解决建议与未来趋势进行了探讨。

温锋华（2008）借助统计学、地理信息系统（GIS）等手段对改革开放以来广州市商务办公建筑空间结构演变及其机制进行了研究，从集中与分散发展过程、核心与边缘区位关系详细分析了空间演变历程，对13个商务办公区进行了空间聚类分析。最后探讨了供给关系、信息社会、资本投资、土地利用模式、道路交通、政策干预、企业空间决策等发展机制对广州市商务办公建筑布局的影响。

杨俊宴等（2008）归纳总结大城市CBD业态空间的形成机制，建立适建度指标体系，分析CBD规模边界、空间形态和发展模式，构建CBD与商务产业的波士顿矩阵模型，并细致研究了南京市CBD的发展历程。最后对城市中心区的设计理论和方法进行了进一步的归纳总结。

杨云鹏（2009）对北京制造业独立办公活动空间分布的特征与区位选择进行了分析，认为决定因素主要是租金、邻近客户与合作伙伴。

方远平（2009）利用人口普查数据，对广州市生产性、分配性、消费性、社会性服务业区位进行了系统研究，发现生产性服务业在老城区就业聚集度下降，在新中心区聚集度上升，呈"双中心"格局；分配性服务业呈均衡化分配；消费性服务业随着居住人口特征呈中心向外围扩散；社会性服务业在老城区减弱，在新城区呈团块状或局部聚集。

此外，周素红（2003）以广州为例，对高密度开发城市的内部交通需求与土地利用关系进行了研究。吕传廷（2004）对快速发展时期广州城市空间结构性增长的研究，周霞（2005）对广州城市形态演进的研究，都是从各个侧面展示了广州市商务办公建筑布局特征与发展历程。

朱梦瑶（2021）与张伟（2020）针对郑州市主城区的商务办公建筑布局特征和影响因素，利用GIS进行了分析，认为空间布局是产业与城市空间互动发展的综合结果。叶强（2022）对长沙商务办公建筑集聚特征进行总结，认为主要影响因素为购物服务、酒店、公交、主干路等公共设施。相关研究逐步拓展到专利空间（戚路辉，2021）、企业集聚（曾繁龙，2019）与办公空间分布的耦合性研究。

此外，相关商务办公建筑的研究还涉及建筑设计（刘文泉，2017；孙谦，2020）、能耗（陈晓欣，2016、2017）、景观（宋元超，2020；黄林，2018）、零碳（陈晓琳，2022）等研究内容。

2.3.2　国内商务办公建筑布局研究小结

国内商务办公建筑布局研究主要从改革开放后开始，初期研究内容主要以国外理论引进及在中央商务区建设经验总结为主，后期研究发展迅速，以中山大学为代表的城市地理学在第三产业空间的演变历史、布局特征上，运用了GIS、统计学等方式进行梳理，总结了空间与产业、就业之间的布局特征，但是缺乏针对商务办公建筑布局的专门性研究，很少深入探讨引起办公空间布局的影响因素，因此，这成为本书研究的重点。

2.4　其他相关研究

本书的研究课题也经常与其他课题相互交融出现，如研究中央商务区的课题，它主要涉及商业及商务职能在城市中心空间的聚集形态与机制等内容，其中包含了商务办公建筑的布局研究。此外，商务办公建筑布局研究离不开生产性服务业及企业总部经济的研究，产业及企业是商务办公建筑聚集与离散的内在动力，因此有必要进行理论梳理与总结。

2.4.1　城市中央商务区研究

中央商务区与商务办公空间的研究侧重点不同，前者主要研究现代商业社会的中心区构成及对整座城市的影响，后者主要侧重于商务办公建筑这一特定建筑类型在城市中产业、空间的地位与作用。但在初期，城市中央商务区研究中包含部分商务办公空间的研究。梳理城市中央商务区的研究，可以了解两者的联系、区别及商务办公空间在历史演变中从综合到专业的发展趋势。

1．城市商务中心区研究历程

中央商务区英文为Central Business District，简称CBD，最早由城市社会学的芝加哥代表人物之一伯吉斯于1925年在同心圆理论研究中提出。基于芝加哥城市土地利用情况，伯吉斯用生态学中的入侵和继承（invasion succession）概念，按照经济地租机制来描述城市土地利用结构（图2-5），揭示了城市是以商务、商业等高租金行业为核心，由过渡地带、工人阶级住宅带、中产阶级住宅带与通勤带五层环绕而组成的城市结构。中心区包括商店、办公楼、旅馆，是城市社交、文化活动中心，商务办公与零售业、娱乐业等混杂在一起，成为中心区主要职能之一。另外，赫德、黑格和李嘉图等以地租理论为主探讨城市级差地租对城市结构的影响，探讨的主要对象是零售业、工业、批发业、住宅等，并不包含办公职能，可见初期办公空间所占比例不大，并没有引起足够的重视。

随后霍伊特、哈里斯（C. D. Harris）与厄尔曼（E. L. Ullman）分别在同心圆理论基础上进行探索，提出了各自的理论模型——扇形模型、多核心模型，确定了历史、交通等其他实际影响因素；英国的海曼（Manna）对英国中等城市的结构研究后，提出了自然条件——自然盛行风向的影响因素。这些研究实际是对城市中心区布局影响因素的扩展。

另外，麦基（T. G. Mcgee）在殖民地和发展中国家城市的研究基础上，提出这些地区存在着二元结构，存在有两组不同的商业中心，一组为西式商业中心，其形态和西方城市的中心商业区相仿，以国际贸易为主，零售商店出售的也以进口的高档商品为主；另一组为外来移民的商业中心，以从事当地的商品买卖为主。介于其间的是混合性土地利用，工商业、住宅兼有，互相混杂。这是对商业中心职能在不同地区有不同组成的进一步研究。

美国城市研究学者墨菲和万斯在1954年对CBD的研究进行了三维的量化定义，他们对美国9座城市进行调查后用CBHI（Central Business Height Index）和CBII（Central Business Intensity Index）的名称，CBHI为中心商务高度指数，CBD的CBHI必须不小于1；CBII为中央商务强度指数，CBD的CBII必须不小于50%。CBHI和CBII的计算公式为：

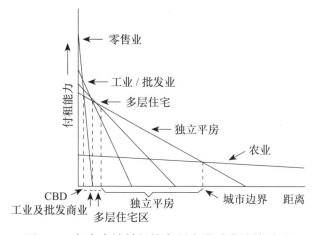

图 2-5　各类土地付租能力距离递减曲线的重叠

来源：陈瑛. 特大城市CBD系统的理论与实践——以重庆和西安为例［D］. 上海：华东师范大学，2002.

$$CBHI=中央商务用地建筑面积总和/总建筑基底面积 \qquad （2-1）$$
$$CBII=中央商务用地建筑面积总和/总建筑面积×100\% \qquad （2-2）$$

墨菲和万斯同时推进了CBD内部职能组成的研究，将城市CBD的职能分为中心商业、中央商务和非CBD用地三大部分，其中食品、服装、日用品、汽车机器零部件、杂货等零售业属于中心商业功能，金融、服务贸易、总部办公、普通办公、交通等属于中央商务功能，居住、工业、批发、空地等属于非CBD功能，三者比例为3：4：3。可见在20世纪50年代，商务中心还是与商业中心相伴而成，且商务办公职能已经超过商业上升为中央商务区主要职能。

20世纪60年代之后的美国，随着城市中心的种族骚乱、CBD环境恶化、城市财政危机的恶性循环，美国郊区化加速发展，CBD研究随着CBD的衰退而减少，直到80年代中心区复兴才重新受到重视，研究主要集中在CBD的容积率、投资与房地产市场、办公空间选址与物业市场规划、复兴CBD的活力、办公设施规划等内容上。80年代之后，我国才开始CBD的研究，初期主要为翻译、推广与介绍国外相关理论。90年代之后，随着全球经济发展，跨国企业超越单一国家边界，成为涉及生产、贸易、金融、服务的全球统一网络，并掌握定价权，垄断部分市场。企业总部、跨国企业分支机构在CBD地区快速聚集，成为CBD扩张的一股主要力量。此时，国外CBD的研究主要集中在CBD商务活动高级化、CBD商务振兴策略及紧凑城市研究下的用地边界控制等方面。国内通过近10年的研究，对CBD逐步形成较为统一的定义、特征与测定，并随着1992年之后北京、上海、广州CBD兴建进入研究高潮，但随着出让速度过快、房地产炒作，出现了很多规划问题。广州珠江新城CBD实际上是城市经济运营的手段，通过出让该地块为广州地铁建设融资，由于土地供应量供过于求，导致珠江新城CBD出让受挫，规划专家开始回顾开发问题，批判CBD建设思路（袁奇峰，2001）。

2.商务办公空间与商务中心的空间关系

从CBD空间结构变化来看，城市CBD经历了一个空间从集中到分散的阶段（图2-6）。初期，商务办公建筑与商业零售、娱乐等公共商业空间融为一体，成为中央商务区的核心，随着城市规模不断扩展、交通运输快速发展，特别是小汽车和计算机技术应用的普及，许多办公楼、商业设施转移至城市边缘或明显地与原有CBD分离，一些CBD已偏离城市地理中心，功能上也从传统的商业中心转向商务中心，成为公司总部、金融和生产服务核心。另外，由于城市数量与规模不断增加，虽然许多城市中心区依然是城市最重要的商业中心，是以传统商业为核心的CBD在功能上的逐渐扩张和延伸，但传统CBD无论是在内涵还是在地域空间上都无法容纳新的商务办公功能与规模，并且原有城市中心区改造成本过大，也是造成现代商务办公空间与原有CBD分离的原因之一。

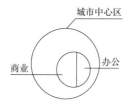
（a）传统CBD，商业和办公混杂

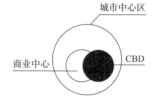
（b）商务中心与商业中心分化

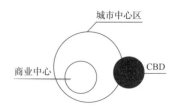
（c）CBD脱离城市中心区

图 2-6　商务中心脱离城市中心区

来源：刘明. 解读CBD［M］. 北京：中国经济出版社，2006.

2.4.2　第三产业、生产性服务业的研究

阎小培（1999）率先用第三产业普查数据，对广州市城市"基本—非基本"经济活动变化进行了细致分析，发现1985～1995年广州生产性服务业就业人口与"基本—非基本"人口比例都有较大提高，成为广州新经济的发展基础。她由此总结出基本经济活动增长对城市发展的成熟效应具有阶段性影响，并提出应该探索新时期发展道路。2000年，通过对广州的商务办公空间时空差异分析，她发现广州办公就业人数自改革开放以来虽然快速增长，但不同职能的办公活动增长有较大差异；空间上整体聚集但集中程度出现下降，空间呈不连续性；出现综合与专业并存的办公区。而且她从企业内部活动、信息技术、劳动力需求、集聚效应、关联效应、交通、城市建设、经济水平、城市发展战略方针与土地制度、历史共10个方面，分为办公活动自身与外部因素两个层面进行了分析。

2.4.3　总部经济的研究

总部经济是指某区域由于特有的资源优势吸引企业将总部在该区域集群布局，将生产制造基地布局在具有比较优势的其他城市，使企业价值链与区域资源实现最优空间耦合，对该区域经济发展产生重要影响的一种经济形态（赵弘，2004）。对企业经济成本来说，总部、研发总部与生产基地的空间分离，向中心城市聚集，是借助信息技术手段合理分配资源的必然结果。对迁入城市而言，企业总部的入驻能增加政府的财政收入，促进就业和消费；对迁出的城市有利于推动城市产业升级，增强城市对更高级别企业的吸引力。通过多次的迁移最终导致城市分类发展，增强城市发展特色，因此，总部经济的研究成为一时的热点，这也是国内商务办公空间研究的热点。

李小建（1999）分析了企业总部一般的形成经历，即个体商务办公楼→商务办公楼扎堆→集中规划建设商务区，并系统分析了企业组织结构在城市空间结构的区位与作用。

戴德胜（2005）总结了北京市总部办公的集聚因子：可达性高、及时的信息获取、

便于关键人员的随时接触、现代服务业集聚水平、劳动力市场信息及企业形象宣传。企业换址的原因则归纳为：办公物业成本压力、聚集负外部效应（交通拥挤、通勤成本上升）、接近人才与办公环境情况、品牌效益等。

2.5　小结

比较起来，国外商务办公空间研究相较于国内研究时间长、内容更为深入，对商务办公建筑空间布局特征及与企业和产业的联系都有丰富的定量研究，并从企业市场行为决策及经济学和地理学角度进行深入的探讨。但是由于国外国情与中国不同，如国外交通工具以私人小汽车为主，其经济发展水平也相对较高，文化观念也有很大区别，因此不能简单套用。国内研究初期主要是介绍国外先进经验、方法与模式，研究实例主要集中在上海、北京、广州等特大城市，利用经济地理学与社会地理学的理论进行研究的居多，从建筑与城市空间布局视角研究相对较少。

国内已有的商务办公建筑空间布局研究主要是针对城市商务办公建筑的发展历程、空间结构的研究，对影响因素缺乏深入研究；通常是空间结构的梳理总结与层级划分，缺乏数据与具体关系的量化研究。本书将借鉴国外研究的方法，在广州已有的研究基础上，针对与城市规划有关的空间分布、职能、形态与开发强度四个要素进行研究，并根据不同层次研究采用相对应的理论构架。以市场需求与政府管控互动视角，研究宏观城市结构与微观建筑布局，发掘城市结构、城市规划与建筑布局、企业分布、就业空间结构的内在关系，最终建立本书"空间 — 经济 — 社会"研究的理论框架。

第3章 国内大城市商务办公建筑布局特征研究

本章以北京、上海、深圳和杭州为例，分析研究国内主要大城市的商务办公建筑空间布局，这四座城市的商务办公建筑都经历了40多年的发展，展现出较为成熟的空间布局特征，开展相关分析研究有助于了解国内商务办公建筑发展历史与趋势。

3.1 北京市

北京是我国的首都，四个直辖市之一，是全国的政治中心、文化中心，也是世界著名古都和现代化国际城市。北京地处华北大平原北部，市中心位于北纬39°、东经116°，地势西北高、东南低，其西部、北部和东北部三面环山，东南部是一片缓缓向渤海倾斜的平原。东面与天津市毗连，其余均与河北省相邻，行政辖区总面积为16410km²。根据国家统计局统计年鉴数据，2020年北京市常住人口2189.3万，2021年北京全市地区生产总值突破4万亿元人民币。

3.1.1 北京市商务办公建筑发展历程

改革开放40多年以来，北京市商务办公建筑发展迅猛，推动高端服务业在北京高度集聚。据第一太平戴维斯研究部资料显示，2018年北京甲级写字楼以每月369元/m²的租金高居甲级写字楼市场榜首。北京CBD发展顺应改革开放的潮流，是中国改革开放40多年发展的生动范例，较大程度地促进了商务办公建筑的发展。北京市商务办公建筑的发展历程可以简要概括为四个阶段，分别是起步发展阶段、跌宕发展阶段、高速发展阶段和转型发展阶段（表3-1）。

1. 起步发展阶段

1985年建成的国际大厦和1987年建成的赛特大厦算是北京最早的商务办公建筑，1990年国贸中心的开业成为北京写字楼发展历史上的一座里程碑，这一时期由于房地产开发领域利用外资政策的不明朗和土地有偿使用未正式推行，写字楼无法销售而只能出租。这一阶段北京市的商务办公区主要分布在日坛使馆区、建国门区域和建国门外东延至东三环一带及燕莎商圈。在改革开放的政策导向下，北京发展了适合首都特点的经济，北京商务从初生到发展至1993年，其CBD区域初步具备城市商务中心功能的基础与优势，工业基础与国贸形成为区域对外开放创造了条件，国际元素开始向北京CBD汇聚，为商务办公建筑进入下一阶段发展奠定了基础。

北京市商务办公建筑发展历程　　　　　　　　　　　　　表 3-1

历史时期	时间段	发展阶段	北京市发展方向	商务空间发展政策与业绩
起步发展阶段	1978~1993年	商务初生蓄势萌动	（1）改革开放起步与探索； （2）发展适合首都特点的经济	（1）工业基础； （2）国贸形成； （3）国际元素汇聚
跌宕发展阶段	1993~2009年	构想落地框架构建需求多元	（1）首都政治中心、经济中心、文化中心定位； （2）建设现代化国际城市； （3）"退二进三"	（1）正式提出建立北京中央商务区； （2）以"退二进三"为主的产业结构转型升级
高速发展阶段	2009~2020年	体制完善动能转换能级提升	（1）全方位对外开放格局进一步发展； （2）加快经济结构战略性调整，大力发展首都经济； （3）初步构建起现代化国际大都市基本框架； （4）"四个中心"城市战略定位； （5）建设"国际一流的和谐宜居之都"战略目标； （6）加快构建"高精尖"经济结构	（1）全面加快北京中央商务区建设； （2）规划编制科学； （3）形成以总部经济为特征、楼宇为载体、以国际金融为龙头、高端商务为主导、文化传媒产业聚集发展的产业格局； （4）体制机制进一步完善； （5）创新土地出让政策、总部经济政策、金融政策、文化传媒政策、租赁和商务服务业政策等； （6）国际交往屹立潮头、经济贡献突出、管理与服务体制不断完善、社会事业健康发展、文化软实力不断提升、生态文明建设成效明显； （7）党建引领
转型发展阶段	2020年至今	新的探索抗压前行开放创新	（1）开展"两区"建设（国家服务业扩大开放综合示范区和自由贸易试验区）； （2）紧跟国家对外开放战略部署； （3）打造数字经济示范区	（1）积极推动金融开放创新； （2）推动总部经济发展； （3）打造数字消费新业态； （4）积极建设高质量众创空间

来源：王燕青，杜倩倩，赵福军，等. 北京CBD发展之路回顾与解析［J］. 中国发展观察，2019（5）：48-56.

2. 跌宕发展阶段

在起步发展阶段之后的20年间，北京市商务办公建筑经历了跌宕发展阶段。20世纪90年代初，由于北京市建成的商务办公建筑无法满足使用量大增的需求，又因为土地有偿使用政策的推行，外商积极加大了对北京商务办公建筑的投资。受到投资回报丰厚的吸引，各地开发商纷纷来到北京"圈地"建楼，北京的商务办公建筑市场迅速发展。90年代末，由于盲目投资引发的泡沫现象逐渐显现，这一阶段北京市甲级写字楼供应量过于集中，如国贸二期、盈科中心、嘉里中心等，同时受到国家适度从紧的财政政策影响，此时的市场面临严重的供大于求，北京市商务办公建筑市场走向下坡。在此阶段，北京市正式提出要建立北京中央商务区，并提出要着力完成以"退二进三"为主的产业结构转型升级，北京市商务办公设施的建设积累达到一定规模，初步具备了商务中心的雏形。到了2000年，受到国家经济状况好转和网络浪潮等因素的刺激，北京市商务办公建筑市场恢复发展，新兴的网络公司和其他机构公司消化了商务办公建筑的空置面积。之后的2001～2008年，北京商务办公建筑市场仍在跌宕起伏地发展，非典疫情冲击和全球金融危机等事件给北京商务办公建筑市场的发展带来波折，要求市场进行相应调整，但此时市场的需求层次呈多元化发展。市场在经历波折后迅速恢复正常。

3．高速发展阶段

2009年之后，北京市商务办公建筑市场环境持续好转，内外投资需求活跃，政府开始注重并培育主导产业的发展。北京市全面加快中央商务区的建设，CBD的快速发展推动着商务办公建筑进入高速发展阶段。在此阶段，北京形成以总部经济为特征、楼宇经济为载体、国际金融为龙头、高端商务为主导、文化传媒产业聚集发展的产业格局，CBD进入了空间拓展、产业优化、功能完善、品质提升的新阶段。同时，北京积极推动颁布创新土地出让政策、总部经济政策、金融政策、文化传媒政策和商务服务业政策等来支撑CBD的发展。在"十二五"规划推动下，北京城市建设步伐加快，商务办公建筑市场发展迅速，其需求的不断上升和高端商务办公建筑空置率的降低，使得北京高档商务办公建筑的租金不断上升。《中央商务区蓝皮书：中央商务区产业发展报告（2019）》显示，2017年商务楼宇数量密集地区仍为北京、上海、广州、深圳这四座城市。其中，由于北京市入驻企业总部数量多等原因，北京市CBD有全国最多的税收亿元楼宇，达到138座。

4．转型发展阶段

2020年上半年，国际经贸形势变化加剧，受到疫情的冲击和全球经济发展的影响，北京市商务办公楼市场面临需求增长衰退、租金下行等困境压力。疫情的反复也造成北京商务办公建筑市场一度停滞。在此阶段，我国商务办公建筑市场也作出了阶段性的调整。伴随着中国经济的韧性复苏，部分行业的商务办公建筑租赁需求保持旺盛，未来发展仍有许多机遇。同年，国务院印发《深化北京市新一轮服务业扩大开放综合试点建设国家服务业扩大开放综合示范区工作方案》和《中国（北京）自由贸易试验区总体方案》。"两区"建设给北京CBD的发展带来了重大机遇，北京积极推动总部经济发展，注重打造数字消费新业态，同时积极建设高质量众创空间，为北京商务办公建筑的转型升级提供了充足动力，加速了北京商务办公与国际全面接轨的进程。

3.1.2　商务办公空间的集聚特征研究

北京市政府在《北京城市总体规划（1991—2010年）》中明确提出："在建国门至朝阳门、东二环路至东三环路之间，开辟具有金融、保险、信息、咨询、商业、文化和商务办公等多种服务功能的中央商务区。"在北京市尚未形成明确的CBD建设时，朱炜宏（1998）在研究北京城市及北京CBD发展的基础上提出北京城市中心结构转型的设想。谢芳（2000）通过分析总结纽约曼哈顿地区以华尔街为中心的CBD和以洛克菲勒中心为中心区域的CBD的建设经验，提出了CBD的建设需要考虑城市生活的多功能性，并对北京市CBD建设提出建议。而后白晨曦（2002）以北京市CBD建设为例，分析了规划管理中的难点问题，并给出若干意见。魏旭峰（2002）则分析论证了北京CBD的优势和功能定位，详细介绍了北京CBD的规划特点，并提出相关发展战略。

张映红（2005）对北京CBD产业集群的发展态势进行分析，总结了三类产业集聚模式：类似马库森划分的轮轴式产业集群模式、跨国公司卫星平台式产业集群模式和弹性专精集群模式。

白明（2005）通过数学模型的建立，对北京中央商务区在开发建设、基础设施、投资环境、政策法规、人口就业和企业经营等方面发展情况进行了量化分析，发现北京市CBD是北京市经济发展的龙头，对北京市经济发展具有很大的贡献。

马红霞（2006）对北京CBD发展和产业集群机制进行了概况分析，发现北京CBD产业集群机制的主要问题，并提出健康发展对策。而石慧霞（2006）则是通过总结现代服务业集群形成发展的规律和经验，为分析北京CBD现代服务业集群发展提供支撑。之后，李艳杰（2007）从文化创意产业的角度研究北京市CBD文化创意产业发展优势和已有蓬勃发展态势，并指出现状发展问题和相应对策建议。此后，芮伟（2008）分析研究了北京CBD主要服务业集群的竞争优势，提出其保持区域竞争优势的建议。兰玉（2008）则从创意经济和产业集群理论出发，揭示了北京CBD创意经济的发展情况并分析了重点行业运作情况，在此基础上对北京CBD创意经济提出政策建议和意见。

于慧芳（2010）研究了北京CBD的建设情况和现代服务业集聚情况，指出北京CBD现代服务业发展迅速，国际金融业和国际传媒产业占据主要地位。北京CBD国际金融业总部集聚程度高，CBD区域是国际证券交易所首选之地，也是国际保险机构集聚地，其国际金融业发展链条较为完整。北京CBD国际传媒产业空间集聚因中央电视台的入驻而大幅度改善，但同时也存在产品附加值较低、集群内集约化经营程度不高、集群内企业融资渠道比较单一和知识产权保护力度不够的潜在问题。

张一帆等（2011）则对北京市CBD写字楼市场租金差异进行了实证研究和分析，发现轨道交通、与CBD中心距离、建筑形象和景观、公交数目以及楼层数对写字楼租金有较为显著的影响，其中轨道交通和建筑景观形象对租金的影响最大，建筑面积和建筑年龄对租金的影响不大。

邓潇潇（2013）对北京市东二环商务区功能演化进行梳理分析，对商业配套设施现状存在的问题进行了调研分析，并从商务区功能提升的角度，对商业配套设施短、中、长期的发展提出针对性的建议。

和朝东等（2014）对北京市产业布局进行了分析研究，发现产业空间布局已经初步形成现代服务业、高新技术产业、现代制造业、都市型工业相对集聚，都市型现代农业镶嵌其间的总体空间格局，并指出北京商务办公功能虽然形成了部分集聚区，但总体来看，北京的商务办公用地空间分布集聚度较低。

3.1.3 商务办公建筑的布局形态

在总体布局上，北京商务办公建筑布局的核心区域、中心城区、外围地区的办公楼宇规模占总开发规模大致为20%、60%、20%。北京市中心城区商务办公建筑表现为连片发展的趋势，商务办公建筑主要分布在金融街、中关村、CBD、东二环、燕莎、望京、亚奥、上地和丽泽9个商圈。其中，金融街位于核心区域相对独立布局，部分外溢的商务办公需求则辐射至南部的丽泽商务区；中关村、上地布局在西北，两个商圈联系紧密；东二环、CBD、燕莎、望京及亚奥商圈在东部连片布局。

3.1.4 发展动力因素与经验总结

1．创新招商引资模式

2020年1月3日，北京CBD招商服务中心正式投用，成为中国（北京）自由贸易试验区挂牌成立以来全市首个集招商服务和政务服务于一体的招商服务机构，创新招商引资新模式为北京商务办公建筑的发展不断注入新动能。

2．推进楼宇服务精细化

《中央商务区蓝皮书：中央商务区产业发展报告（2019）》显示，2018年北京CBD税收亿元楼宇比2017年新增2座，达到140座，成为全国亿元楼宇数量最多的CBD。楼宇经济作为聚集现代服务业与国内外企业总部的高级经济形态，能够在集约的空间内汇聚可观的人才流、资金流和信息流，创造持续的就业与税收。在土地资源紧缺、经济发展集约化的背景下，高品质楼宇成为承接CBD发展要素的核心载体。为推动区域内楼宇经济高品质发展，北京CBD通过建设楼宇服务专业人才队伍、搭建楼宇交流平台等形式持续提升楼宇服务的专业化和精细化水平，不断吸引总部企业入驻CBD。

3．提高商务办公创新创业环境品质

优质的商务办公创新创业环境品质是CBD发展的重要保障之一，对提高区域发展的核心竞争力具有重要作用。北京CBD的建设发展，围绕打造人才聚集高地、培育新业态新模式、推进共建共享机制和完善众创空间建设四个领域，注重营造商务办公创新创业环境品质。

4．提高生产性服务业专业服务能力

北京市商务办公建筑的建设发展，形成了中关村等科技创新园区、科研机构及配套的中央商务区和金融街等区域，为北京市生产性服务业发展奠定了基础，形成产业集群

和技术扩散的区域供给能力，加速提高北京市产业创新能力和竞争力。

3.2　上海市

上海位于中国东部，地处长江入海口，面向太平洋，与邻近的浙江省、江苏省、安徽省构成长江三角洲。上海市是我国长江三角洲世界级城市群的核心城市，是国际经济、金融、贸易、航运、科技创新中心与文化大都市，国家历史文化名城。至2021年末，上海全市行政区划面积为6340.5km²，下辖16个区，共107个街道、106个镇、2个乡，常住人口2489.43万。

上海市年鉴等相关资料显示，在16世纪中叶，明代的上海已成为全国棉纺织手工业中心。1685年，清朝政府在上海设立海关，对外开埠通商。19世纪中叶，上海已成为商贾云集的繁华港口。2021年，上海市经济总量迈上4万亿元新台阶，上升至全球城市第四位，人均生产总值突破2.69万美元，第三产业增加值占地区生产总值的比重超过73%。

3.2.1　上海市商务办公建筑发展历程

上海是中国经济发展的典型代表，商务办公建筑发展最早可追溯到鸦片战争时期。办公产业是上海市重要的产业组成部分，其营商环境优越，集聚效果显著，是引领产业经济发展的主要动力，在全国处于领先地位。上海市商务办公建筑主要经历以下三个阶段。

1．起步集聚发展阶段

1843年11月17日，上海正式开埠。世界各国纷纷在上海设立租界，设置各自的商务办公机构，我国的一些民族工商企业，如商行、银行和工厂等也纷纷于租界内建楼落户。民国时期，国民政府将中央银行等大批金融机构迁至上海，将全国经济金融中心设于上海，重点扶植上海经济的发展。20世纪30年代，在河南路至外滩这一方圆0.5km²的范围内集中了400余家中外金融机构，成为全国金融资本最集中的金融网络控制中心，逐步确立了远东国际金融中心的地位。至新中国成立前，有37幢大楼立在外滩，成为国内外金融机构、公司总部、大众传媒等机构办公的集聚地，并以汇丰银行大楼、海关大楼、沙逊大厦（今和平饭店）与中国银行大楼为代表性建筑。外滩成为高层建筑最密集的地段，是上海市的商务办公中心区，也是远东最大的商务中心。

2．分散化发展阶段

新中国成立以后，国家进行社会主义改造，明确规定城市土地归国家所有，外滩的众多大楼被收归国有。国家对上海实行工业化的政策，变商业性、消费性城市为生产性城市。

在计划经济体制下，外滩一带的外国资本退出，各政府部门、企事业单位通过国家分配方式取得办公楼，或由行政划拨取得土地兴建自用的办公楼，土地市场分配被政府计划指定替代。众多银行总部迁到北京，外资金融机构纷纷撤走，金融机构较以前大为减少，上海失去了亚洲金融中心的地位：大量饭店、商店进驻外滩，外滩商务办公中心行政化、商业化。此阶段，办公活动没有市场因素的驱动、不受土地成本的制约，完全在行政指令下运行，办公机构在空间分布上呈现出分散化特征。商务办公分散化、弱化的结果是外滩商务办公职能衰落。

3．相对集聚化发展阶段

我国改革开放以后开始发展市场经济，在市场经济体制下，土地的经济效应发挥作用，大量商务机构在自由选择办公地点时纷纷选择能产生更大经济效益的优势地段。经济体制改革的步伐加快，经济发展势头异常迅速，商务办公活动逐步繁荣发展。

1988年8月8日，上海通过国际招标出让了第一幅土地——虹桥26号地块，现代商务办公楼市场由此启动，并向市中心拓展。1992年左右，在"房地产开发热潮"下，办公楼迅速发展。1995年开始，商务办公楼大批集中上市，而到了2000年以后，商务办公楼的数量更是骤增，商务办公楼的占用量也相对较大，上海商务办公楼市场在十几年间经历了从无到有、从少到多的历程，目前已初具规模，商务办公楼群相对集聚在城市的中心地段。

3.2.2 商务办公空间的集聚特征研究

陈伟新（2003）对包括上海在内的国内大中城市中央商务区进行研究，指出上海CBD属于政府主导型，由政府投资进行公共设施、基础设施和部分商务功能开发。

宁越敏等（2006）对上海CBD发展历史进行回顾分析，并对其建设现状进行评述，指出上海陆家嘴金融贸易区的现代化CBD已初步成型，商务功能凸显，资本密集，并提出继续深化功能，提升服务能级和进一步调整空间结构，逐步完善CBD等级体系的展望。

秦波等（2010）结合莫兰指数和回归模型识别中心的方法对上海生产性服务业空间进行了分析，研究发现，上海生产性服务企业高度集聚于中心城区，并形成两个中心，即外滩中央商务区和南京西路，国内企业倾向于集聚外滩而海外企业倾向于集聚在南京西路。

雷霄雁（2014）将上海陆家嘴CBD作为研究案例之一，分析由于街廓尺度的差异所造成的功能布局、交通组织、街廓界面和开敞空间等方面的适宜性差异，发现陆家嘴CBD的街廓形态呈较不规则形状，并指出会对后期规划管理带来技术和管理问题。

武占云（2018）对上海陆家嘴CBD的发展演变历程、建设成就及其经验启示进行了分析研究，指出陆家嘴CBD的形成与上海市的经济社会变迁联系紧密。

金探花等（2018）对上海中心区的商务功能空间在中心区范围内的空间集聚程度展

开了研究。研究发现，上海中心区商务功能单一、高效地集聚在主中心，以空间集聚经济机制为优先；副中心商务空间则与多功能空间相辅相生，以组合经济效益为优先。

易虹等（2019）回顾了上海陆家嘴CBD的发展历程，分析了陆家嘴CBD商务办公楼规模发展现状和产业发展情况，指出目前陆家嘴CBD商务办公功能强度在上海处于相对领先地位，但现有的商务办公区域仍处于供不应求的状态，最后提出陆家嘴CBD发展的趋势、建议，包括建设国际金融中心、培育多样化的CBD功能和形成专业化的产业空间。

窦寅（2021）在对国内外城市商务区绿色交通规划案例分析的基础上，对上海商务区绿色交通规划提出指导建议，指出在宏观层面应该与区域和城市建立更多的联系，在中观层面应该完善内部交通体系和功能，在微观层面应注重小尺度开发和街道设计。

3.2.3　商务办公建筑的布局形态

上海市的商务办公楼主要分布在内环线以内及内环线附近，集聚形成各级、各类商务办公区。第一太平戴维斯报告显示，截至2022年第二季度末，上海商务区甲级写字楼存量为1600万平方米，其中中央商务区450万平方米，次级商务区600万平方米，非核心商务区550万平方米。

上海市商务区包括：核心中央商务区（南京西路、淮海中路、陆家嘴），核心次级商务区（老黄浦、南黄浦、虹桥、北站、北外滩、竹园、徐家汇），非核心商务区（除核心市场以外的商务区，包括东外滩、长风、大虹桥、徐汇滨江、莘庄、真如、五角场、前世博、前滩、后滩、花木等）。上海的商务办公区主要围绕上海CBD集中分布，而小规模的商务办公区主要分布在市中心外围。

以陆家嘴商务办公区为例，其位于浦东陆家嘴，商务办公楼主要集中在源深路—张扬路—黄浦江所围区域内，尤以小陆家嘴和世纪大道沿线最密集。该区域的金茂大厦、证券大厦、中银大厦、汇丰银行大厦等商务办公建筑已经成为上海标志性建筑群，吸引了众多金融服务企业入驻。

3.2.4　发展动力因素与经验总结

1. 推动生产性服务业发展模式创新

上海市人民政府资料显示，2021年，上海第三产业增加值比上年增长7.6%，是拉动上海经济增长的主要动力。其中，新兴服务业快速发展，信息传输、软件和信息技术服务业以及科学研究和技术服务业规模以上企业营业收入分别增长20.2%和17.0%；传统服务业明显回暖，交通运输、仓储和邮政业规模以上企业营业收入增长49.4%。上海市搭建公共服务平台，对接创新资源，促进生产性服务领域的商务办公协同创新发展，加快制造业与服务业融合，引入先导产业，促进生产性服务业集群发展，形成重点产业功能区，提升产业创新力能力。

2．发挥研发能力在产业中的引领作用

上海市注重先进制造业与现代服务业的深度融合，提升生产性服务业的服务能力和质量，拓展服务范围和规模，发挥生产性服务业的创新促进作用。同时，上海不断推动数字深度赋能，打造创新型产业集聚区，推动数字经济与实体经济融合发展及经济数字化转型，不断提升上海生产性服务业和服务型制造能级。

3．提升商务办公创新创业环境

上海市通过完善商务办公建筑配套公共基础服务设施，设置众创空间和企业孵化器，不断提升和完善商务办公园区环境品质，打造以人为本、产城融合的商务办公区，推动产业创新。上海市人民政府资料显示，上海市的创新主体高度集聚。2021年末，全市累计认定外资研发中心506家，国家级科技企业孵化器61家，国家备案众创空间69家，国家级大学科技园14家，全国双创示范基地10个，科技"小巨人"企业和"小巨人"培育企业近2500家，技术先进性服务企业250家，有效期内高新技术企业总数突破2万家。营造优质的创新创业办公环境，推动了上海市商务办公建筑的发展，凸显了上海市产业的科创特色和产业优势。

3.3 深圳市

深圳市地处南海之滨，背靠珠江三角洲广阔腹地，毗邻港澳。深圳是低山、丘陵、滨海城市，全市面积1997.47km²，属亚热带季风气候，温润宜人，降水丰富。深圳下辖9个行政区和1个新区：福田区、罗湖区、盐田区、南山区、宝安区、龙岗区、龙华区、坪山区、光明区，大鹏新区。2018年12月16日，位于汕尾市的深汕特别合作区正式揭牌。截至2021年末，深圳市常住人口1768.16万。

2021年深圳市经济总量突破3万亿元人民币，居亚洲城市第四位。全市地方一般公共预算收入4258亿元人民币，规模以上工业总产值连续3年居全国城市首位，出口规模连续29年居内地城市首位。

3.3.1 深圳市商务办公建筑建设发展历程

经过40多年的发展，深圳市从落后的边陲小镇发展成为一座现代化、国际化创新城市，创造了著名的"深圳速度"，成为世界城市建设发展史的奇迹。深圳商务办公建筑随着房地产开发商品化的发展而快速发展起来。

深圳商务办公建筑建设发展大体上经历了四个阶段（表3-2）。其中，福田中心区是我国CBD规划实施的典型实例，具有广泛的借鉴意义，因此本节也将通过梳理福田中心区的发展来反映深圳商务办公建筑的发展历程。

深圳市商务办公空间发展历程　　　　　　　　　　表 3-2

发展阶段	时间段	深圳市发展背景	福田 CBD 发展	商务空间 发展政策与业绩
第一代商务办公建筑	20世纪80～90年代初	（1）成立经济特区，经济飞速发展； （2）建设和初步形成传统轻工业产业基础； （3）特区成功统征土地	（1）现场是一片农田； （2）构思概念规划； （3）1980年确定"福田公社"作为深圳未来城市中心； （4）1986年特区总体规划将福田中心区定位为未来新的行政、商业、金融、贸易、技术密集工业中心	（1）形成以金融、商贸、信息、娱乐、办公为主要内容的罗湖CBD； （2）全国各大证券公司在罗湖设立了总公司或分公司； （3）商务办公建筑以商品性写字楼为主
第二代商务办公建筑	20世纪90年代初至90年代末	（1）产业转型，发展高新技术和物流产业； （2）城市重心自东向西发展	（1）确定详细规划及建设规模，并基本完成市政道路工程施工； （2）启动福田CBD初期商务楼宇建设	（1）商务办公建筑建设呈现自东向西的发展趋势； （2）在蔡屋围和华强北区域开始涌现商务办公建筑； （3）商务办公建筑注重物业品质和智能化水准
第三代商务办公建筑	20世纪90年代末至21世纪初	（1）经济发展形势良好，2004年GDP突破4000亿元； （2）虽受亚洲金融风暴的影响，但仍加快财政投资步伐	（1）作为特区二次创业空间基地建设； （2）实现"先外围，再中心"的福田CBD开发建设策略； （3）成片建设的"十三姐妹"办公建筑群标志CBD商务办公楼投资建设高潮到来	（1）高强度开发商务办公建筑，出现许多超高层标志性商务办公建筑； （2）商务办公建筑功能多样化发展； （3）福田CBD总体格局形成
第四代商务办公建筑	21世纪初至今	形成文化、高新技术、物流和金融四大支柱产业	（1）大量金融机构总部选址福田CBD； （2）21世纪10年代中期商务办公建筑供应逐步减少	（1）福田CBD发展鼎盛； （2）21世纪10年代中期，深圳南山区商务办公建筑供应大幅度增加； （3）商务办公建筑注重绿色办公和智能化发展

来源：陈一新. 深圳福田中心区规划实施30年回顾［J］. 城市规划，2017，41（7）：72-78，117.

1. 第一代商务办公建筑

深圳商务办公建筑的建设从20世纪80年代开始。毗邻中国香港的罗湖口岸片区，成为以国贸大厦为中心的核心商务圈。在这一阶段，以国贸大厦为代表的深圳第一代办公建筑主要以满足办公需求为主，并借鉴了香港综合型商务办公建筑的开发模式。以国贸大厦为例，首层至五层为商业空间，以上为办公空间。在此期间，深圳以专业化甲级写字楼建设为主，如发展中心大厦、天安大厦、深房广场、华联大厦、中银大厦、电子科技大厦以及鸿昌广场和联合广场等，较少有综合型的商务办公建筑，建筑智能化程度较低。

2．第二代商务办公建筑

20世纪90年代初，在房地产开发商品化的影响下，商务办公建筑开发高速发展。深圳商务办公建筑建设呈现自东向西的发展趋势，与深圳的城市发展方向相匹配。此时商务办公建筑的发展重心开始转移至蔡屋围和华强北区域，与第一代商务办公建筑注重功能性相比，此时的商务办公建筑物业品质和智能化水准也开始受到重视和得到提升，此阶段的商务办公建筑升级为第二代商务办公建筑，以华强北商业区电子科技大厦和福田中心区中银大厦为代表。

3．第三代商务办公建筑

20世纪90年代末，深圳建设了许多超高层标志性的商务办公建筑，如福田中心区的江苏大厦、华强北商圈的赛格广场、车公庙的招银大厦和信兴广场的地王大厦，成为深圳第三代商务办公建筑的标志，福田成片建设的"十三姐妹"办公建筑群也标志着CBD商务办公楼投资建设高潮的到来。在第二代商务办公建筑的基础上，此阶段的商务办公建筑显现出功能多样化的发展趋势，并注重提升高层建筑形象、物业功能及档次、智能化水平、环保节能等方面水平。

4．第四代商务办公建筑

受到亚洲金融风暴等诸多因素影响导致的商务办公建筑出现大量空置之后，2002年开始，在一系列利好政策的推动下，商务办公建筑市场再次升温，空置的商务办公建筑得到消化。在第三代商务办公建筑的基础上，深圳商务办公建筑升级到第四代，以深圳CBD南中轴的卓越时代广场为代表。这一阶段的商务办公建筑更注重客户的需求，加强绿色办公理念，为客户提供更舒适的共享空间，此外，还进一步加强智能化的发展。

3.3.2　商务办公空间的集聚特征研究

深圳总体空间格局呈现多中心组团结构，已建设有罗湖CBD、福田CBD、南山CBD、前海CBD。福田中心区空间承载力强、金融总部高度聚集，是继罗湖中心之后的第二个市中心，是国内CBD规划实施中较完整的实例之一。

王如渊等（2002）发现罗湖商务区已经初具城市中央商务区的基本特征，担负着深圳中央商务区的基本职能。研究指出，福田中心区具有突出的地理中心位置、便捷宽敞的道路交通系统、一流的办公设施配套等条件，具备中央商务区的典型特征：可达性高、建设密集度高、峰值城市地价、人际与信息交流量高、第三产业聚集度高等；同时，指出深圳中央商务区西移的趋势已经形成。最后，对深圳中央商务区转移机制进行了分析，指出深圳中央商务区的西移是内外因共同作用的结果，其中内因主要是区域经济的重心西移，外因主要是罗湖土地资源限制了其进一步的发展，另外，皇岗口岸接驳客流、市政府西迁、城市规划的引导和政府的着力推动也促使深圳中央商务区西移。

于慧芳（2010）指出福田CBD的建设发展迅速，已成为金融、证券、保险、基金、高新技术和现代服务业在内的总部机构的争夺目标。福田CBD已经成为高档商务办公建筑市场的主要供应区域，也成为深圳国际化的一个标志。

雷霄雁（2014）分析了福田CBD由于街廊尺度的差异所造成的功能布局、交通组织、街廊界面和开敞空间等方面的适宜性差异，发现深圳福田CBD街廊划分较规整，具有较强的稳定性和适应性。

陈一新（2017）对深圳市福田中心区规划实施30年的历程进行梳理，分析研究了福田中心区的发展机遇、规划实施内容及经验教训。他对深圳市CBD的发展有深入的实践经验和研究成果：回顾了2010年深圳CBD首次实施的办公街坊城市设计案例，以及2011年深圳市CBD中轴线公共空间的规划特征和规划实施案例，并对深圳CBD规划建设30年以来的经验和教训作了阶段性总结与探讨。

曾玛丽（2019）对深圳福田CBD服务设施规划特点进行了研究，发现不同布局模式的设施及其用地的使用效益存在明显差异，以及福田CBD服务设施对不同年龄、职业、国籍、地域的使用群体都具有较强的吸引力。

杨本强（2020）通过对深圳福田CBD的公共空间进行调查分析，为城市CBD公共空间活化设计提供设计依据。孙笑等（2022）从景观美学角度出发，对深圳CBD天际线进行视觉美学质量评价，发现当前深圳湾公园北湾鹭港所观赏到的南山CBD天际线美学质量最高。

3.3.3　商务办公建筑的布局形态

深圳市商务办公空间的布局演变与深圳城市发展的方向相匹配，呈现自东向西的发展趋势（图3-1）。在2000年以前，深圳仅有不到27万平方米的甲级办公建筑的存量，且全部集中在罗湖区。自2005年起，甲级办公建筑新增供应大部分来自于福田区。而从2015年开始，深圳甲级办公建筑迎来爆发式增长时期，在这段时间内，南山区供应大幅度增加，而福田区供应逐步减少。

根据仲量联行相关资料数据，深圳全市商务办公建筑2015～2019年年均新增供应近118万平方米，在全国大中城市中，仅略低于年均供应量为122万平方米的上海，远高于年均供应为40万平方米的广州和62万平方米的北京。截至2020年第二季度，深圳甲级办公楼存量达到914万平方米，对比2000年年底存量，20年间，总存量增长超30倍。展望未来，多数成熟商务区内的新增供应将相当有限，而大量新增供应将来自以前海为代表的新兴商务区。

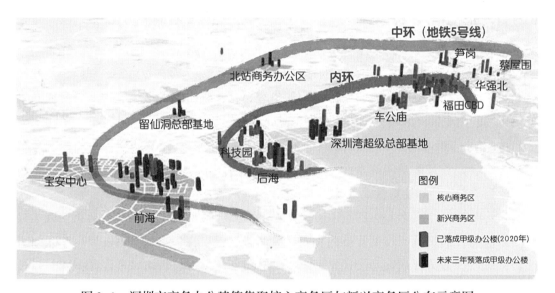

图 3-1 深圳市商务办公建筑集聚核心商务区与新兴商务区分布示意图

来源：仲量联行. 解构深圳发展40年与办公楼市场格局展望[Z/OL].

(2020-09-07）[2023-08-25]. http://ts.whytouch.com/pdf/g07ffe30e4bfdaeb916020a2d8a34dd3/index.php.

3.3.4 发展动力因素与经验总结

1．产业转型升级

从20世纪80年代开始，深圳市在特区的政策红利和独特的区位优势背景下，通过"三来一补"的模式逐步形成以工业为主、工贸结合的外向型经济。这一阶段以劳动密集型产业为主，发展出电子、缝纫、纺织、机械等多个产业。随着"三来一补"企业高能耗和附加值低等问题的出现，深圳市开始制定产业转型战略和产业发展战略，重点发展计算机、通信、微电子等高新技术产业。同时，深圳也积极推进第三产业的发展，构建起以高新技术产业、金融业、物流业和文化产业为支柱的现代产业体系。深圳市产业转型为商务办公建筑的可持续发展提供了有力保障。

2．优化商务办公区域交通服务能力

2023年度《中国主要城市道路网密度与运行状态监测报告》显示，深圳的城市道路网密度指标位居全国首位，达到9.8km/km²。健全的城市道路结构与便利的城市交通网络加强了深圳内外部交通可达性，增加了深圳土地资源的利用效率，极大提高了商务办公建筑的使用效率。

3．引进全球创新资源

深圳市注重打造面向全球的开放高地，引进行业龙头企业，设立区域性总部及国际贸易、结算、融资中心，紧贴"强链、补链、延链"现实需求，着力引进一批带动能力强、技术含量高、质量效益优的外资大项目、好项目，稳定、延伸产业链和创新链，提升发展新势能，提升科技研发与创新发展内生动力。

3.4　杭州市

杭州是浙江省省会和经济、文化、科教中心，长江三角洲中心城市，重要的风景旅游城市，首批国家历史文化名城。杭州地处长江三角洲南翼、杭州湾西端，是"丝绸之路经济带""21世纪海上丝绸之路"的延伸节点和"网上丝绸之路"战略枢纽城市。全市总面积16850km²。2021年末，杭州市常住人口1220.4万。杭州被誉为"中国电子商务之都"。杭州市人民政府网站数据显示，2021年，全市电子商务产业增加值为1818亿元人民币，占GDP的10.0%。杭州市推进新消费"双街示范"工程，建成数字生活应用场景30个。

3.4.1　杭州市商务办公建筑发展概述

在2008年以前，杭州市主城区的商务办公建筑主要集中在黄龙、武林广场至延安路、湖滨地区、城站、庆春路金融街等区域。杭州市商务办公建筑建设源于20世纪80年代，可以概括为萌芽发展、快速发展和多中心发展三个阶段（图3-2）。

1．萌芽发展阶段

20世纪80年代至2004年，是杭州商务的起步发展阶段，也是杭州市商务办公建筑萌芽发展阶段。商务办公建筑最初主要分布在庆春路等沿湖区域，以本地企业自用为主，供应规模较小，而后从西湖沿湖区域逐步向庆春、黄龙等区域拓展，向钱塘湖西岸发展。

图 3-2　杭州商务办公建筑集聚区圈层化拓展趋势

来源：陈前虎，潘聪林，吴昊. 杭州滨水商务空间发展研究［J］. 浙江工业大学学报（社会科学版），2016（4）：375-381.

2.快速发展阶段

2004~2009年，杭州市商务办公建筑稳步发展。政府开始注重高端商务楼宇经济的发展，商务办公楼市场进入新的发展阶段，以中高端商务办公建筑为主，主要布局在庆春、黄龙和钱江新城等商务区板块。

3.多中心沿江发展阶段

杭州市商务办公建筑从2010年开始快速发展，呈现多中心发展趋势。以高端商务办公建筑为主，商务服务档次进一步提升。从张庆等（2016）对杭州市中心城区（上城区、下城区、西湖区、江干区、拱墅区和滨江区）生产性服务业的聚集情况研究中可以发现，杭州市中心城区滨江产城融合加速，杭州市商务办公建筑有显著沿江发展的趋势，其中钱江新城商务办公建筑面积就占了中心城区总量的12.31%（图3-3）。

在此阶段，杭州市商务办公建筑布局逐渐向次中心、外围区域拓展，主要布局在钱江世纪城、未来科技城、滨江区中心、大运河商务区、蒋村商务区等板块。

3.4.2　商务办公空间的集聚特征研究

朱锦渭（2005）梳理了杭州CBD的发展背景，分析研究了杭州CBD的模式选择方式和在规划建设上的探索，肯定了杭州CBD开发建设对杭州经济社会发展的作用，提出了钱江世纪城是杭州未来CBD的观点，并对钱江世纪城CBD未来发展的开发路径、开发时序、开发策略与保障进行了论证。

贾生华等（2008）对杭州钱江新城CBD的规划建设进行了梳理，并构建钱江新城CBD功能成熟度指标体系，发现CBD建设的经济规模比建筑和人口要素重要得多；商

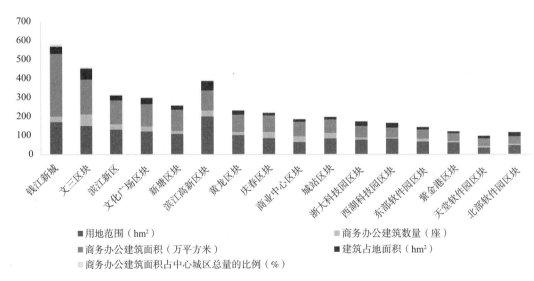

图3-3　杭州市中心城区生产性服务业集聚区开发情况分析（2012年）

来源：张庆，彭震伟.基于空间聚类分析的杭州市生产性服务业集聚区分布特征研究［J］.城市规划学刊，2016（4）：46-53.

务办公是CBD的核心功能，商业服务和居住等其他功能也需要重视；国内外企业总部和国内外金融产业的高度集聚是CBD功能集聚的主要特征；在经济全球化的背景下，功能辐射更加强调的是CBD与国际经济和区域外经济之间的联系。

王一等（2008）从当代CBD发展特征的角度对杭州运河交汇区城市设计进行了分析研究，指出杭州运河交汇区城市设计建立了以商务办公为主、购物娱乐等多功能混合的多元化城市功能区；并建立适应CBD区域行为模式要求的立体化城市基面；同时，充分利用杭州江河资源，创造宜人的滨水空间；此外，塑造标志性滨水CBD城市景观和生态绿化系统。通过以上策略避免CBD建设常见的缺乏活力、交通混乱和"千城一面"等弊病。

杜晓丽（2010）对杭州市CBD和现代服务业集聚发展情况进行了分析研究，揭示了CBD对杭州市现代服务业集聚发展的效应机制。

王燕（2010）对杭州生产性服务业展开了研究，发现生产性服务业对杭州经济增长具有显著作用。此外，研究发现，专业化分工对杭州生产性服务业发展具有促进作用，而工业化进程对其发展起反作用。生产性服务业发展对制造业产生了挤出效应。固定资产投资、对外开放程度、非公有制经济等对杭州生产性服务业发展产生积极作用。

张庆等（2016）对杭州市生产性服务业集聚区展开了研究，对杭州市生产性服务业的总体布局和集聚区进行了分析，发现生产性服务业集聚区所在的或邻近的地域所承担的城市功能等级越高，集聚区的规模越大；生产性服务业集聚区的产业功能不同，空间区位分布也会不同，并在一定程度上受到地方劳动力市场空间分布的影响。

陈前虎等（2016）在杭州市委、市政府提出的"四沿"布局发展战略背景下指出，沿河高端商务带是"四沿"布局战略的重要组成部分，通过对杭州高端商务发展总体趋势、杭州沿河商务空间发展主要特征及杭州沿河商务发展瓶颈进行研究，最后给出了相关改进对策与建议。

龚嘉佳（2020）对杭州市创新空间的分布和演化机制进行了研究，发现杭州市城市创新空间演化是构想空间先行，感知的空间、实际的空间与构想的空间循环改变的过程，政府和其他创新群体不是管制和服从管制或者反抗管制的关系，而是横向协同演化的，他们必须通过竞争和合作才能实现创新空间的生产。

尕让卓玛（2021）对2006～2015年杭州市主城区商务办公楼地价进行了研究，探索了城市商办地价的时空演变机理，指出杭州主城区商办地价在时间上总体呈现"大小年"交替的波动状态等。

3.4.3　商务办公建筑的布局形态

杭州市商务办公建筑发展至2000年左右，主要集中在以武林和湖滨地区为核心的核心区域以及核心区以外3km范围的内圈层区域。在此之后，杭州市商务办公建筑布局从核心区逐渐向外围蔓延，商务办公建筑布局呈现多个局部空间集聚的倾向。杭州市商务办公建筑面积总量最高的是钱江新城，作为杭州市的核心商务区，钱江新城具有绝对的规模优势，是生产性服务业集聚中心，代表性商务办公建筑包括杭州来福士广场、平安金融中心、华润大厦和钱江国际时代广场等。

3.4.4 发展动力因素与经验总结

1．发挥产业集群集聚效能

杭州市正在推动建设全国数字经济高质量发展示范区，将实施产业基础再造和产业链提升工程，打造视觉智能、生物医药与健康、智能计算等九大标志性产业链，通过政策设计等方式，促进生产性服务业集聚，发挥产业集群集聚效能，带动商务办公建筑的可持续发展。

2．推动数字经济企业的创新发展

以钱江新城中央商务区为例（图3-4），目前已有一定数量的数字经济企业，形成集聚效应，是杭州数字经济的重要组成部分，带动了杭州数字产业的发展。杭州市商务办公区域也在积极探索线上线下立体发展模式，构建线上线下协作发展平台，建立联动机制，促进商务办公区域间协同发展。

3．营造优质商务办公营商环境

杭州市充分应用数字技术，让数据在商务办公区域有效流转和运用，为商务办公企业精准推送有用数据信息，高效解决问题。商务办公区域将合适的商业和文化等配套设施引进楼宇，将生产、生活和生态融为一体，为商务办公区域群体提供优质的办公环境。政府依法保护和支持企业发展，推动数字经济发展，为企业发展提供法治化、便利化的政务、商务、生活等营商环境。

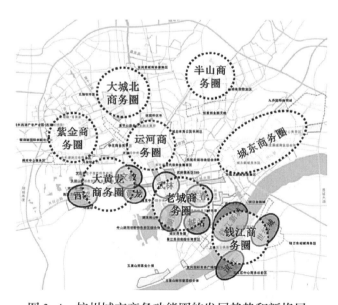

图3-4 杭州城市商务功能圈的发展趋势和新格局

来源：陈前虎，潘聪林，吴昊. 杭州滨水商务空间发展研究［J］. 浙江工业大学学报（社会科学版），2016（4）：375-381.

第4章　　　国外城市商务办公建筑布局特征研究

4.1　美国纽约市

纽约市（NewYork）是美国第一大城市，位于美国东北部沿海哈德逊河口，濒临大西洋，由曼哈顿（Manhattan）、布鲁克林（Brooklyn）、布朗克斯（Bronx）、昆士（Queens）和斯塔滕岛（StatenIsland）五个区构成，总面积为1214.4km^2，市区人口超800万。纽约2030年的商务办公建筑（室内办公产业）就业人数将达到1439885人[1]，占总就业人数的32.81%，是纽约市的支柱产业。

作为世界级金融和证券交易中心，纽约不仅是大公司、大银行的集中栖息之地，也是全球公司总部汇聚之所，全美500家最大公司的总部约有30%设在纽约，联合国总部也设在纽约，因此，纽约有"万国之都"之称。这一港口城市经历了由工业、服务业向创新型经济转型的过程，期间纽约的生产性服务业发展迅速，其发展模式既遵循一般的发展规律，在空间集聚和空间结构方面又表现出独特的发展特点，并由此带动了商务办公建筑的快速发展。

4.1.1　纽约市的产业转型历程

自20世纪70年代以来，纽约经历了制造业快速萎缩和服务业飞速发展的产业更替过程。一方面，纽约的金融业、房地产业以及交通运输业等生产性服务业占据显著优势；另一方面，纽约制造业中生产性消费品的比较优势迅速退化，取而代之的是高档生活性消费品，传统制造业如计算机及电子产品制造、机械设备制造、交通运输设备制造等环境破坏和资源依赖型产业几乎退出了纽约。纽约的产业转型基本可以划分为五个阶段：工业中心阶段、生产服务阶段、金字塔尖阶段、创新转型阶段、战略重塑阶段。

1．工业中心阶段：港口工业经济

纽约最早是一座商业城市，商贸流通业兴旺，吸引了大量资本在纽约集聚，为后来的制造业发展创造了必要的条件。19世纪60年代后期，第二次工业革命开始，纽约借助

1　根据2019年纽约市经济发展局的报告。

其优良的港口环境，完成了向工业城市的转变，并于19世纪末成为美国最大的制造业城市。纽约的制造业具有一定的独特性，主要表现在三个方面。第一，中小型企业数量庞大。1870年，曼哈顿制造业企业平均雇工仅为20人，相比之下，芝加哥、洛杉矶制造业企业平均雇工分别为25人、23人。其主要原因是纽约制造业兴起于工业革命初期，工业结构形成于小工厂时期，使得企业规模小而数目多，具有很强的市场适应性。第二，以劳动密集型、资本密集型的轻工业为主，主要有印刷、服装鞋帽、皮革、食品加工、机械制造等。第三，企业大量集中在曼哈顿，其他区则相对较少。从19世纪中后期到第二次世界大战结束后初期，除了美国内战、第一次世界大战、大萧条以及第二次世界大战几个特殊时期以外，纽约的制造业大体上稳定发展，一直保持着工业中心的地位。与此同时，前期大量的资本积累使纽约成为商贸金融中心，为日后纽约的产业转型奠定了基础。直至第二次世界大战以后，在新技术革命的推动下，纽约的制造业开始迅速衰落，取而代之的是服务业的快速发展。

2．生产服务阶段：服务业快速发展

20世纪50年代之后，纽约的金融业、租赁和商务服务业等生产性服务业迅速崛起。1950～2000年5个10年间，纽约制造业的就业人数分别减少了9.2万、18万、27万、15.8万、9.5万。与此相对应，纽约的服务业就业规模自20世纪70年代以来快速增长，到2000年已达到纽约总就业人口的42.3%，而制造业的比重只有5.7%。在70～80年代，生产性服务业发展尤为迅速，1969～1989年期间，生产性服务业就业人数从95万增至114万，占就业人口的比重从25%升至31.6%。其中，金融业、房地产业、租赁和商务服务业的发展速度增长都在9%/年以上。生产性服务业在创造就业机会和促进经济增长方面起到重要作用，对纽约奠定世界城市地位起到非常关键的作用。

3．金字塔尖阶段：金融业达到顶峰

20世纪90年代以来，纽约的产业结构基本形成以高级生产性服务业、教育和健康服务业、运输和贸易业为主的产业格局，制造业占比很低。随着纽约以商务服务业、金融业及信息服务业为主导的生产性服务业进一步发展，资本持续流入，使得纽约在全球的控制和管理能力进一步加强，真正成为世界城市的金字塔尖。在空间上，形成了以曼哈顿CBD为中心，长岛、布鲁克林、哈德逊广场、法拉盛等多个区域性商务中心全面发展的格局。尽管自2000年以来，纽约传统的实体金融业一直在萎缩，但《全球金融中心指数》（2022）（*The Global Financial Centres Index*）报告显示，纽约仍然是世界上最具吸引力的金融中心之一。

4．创新转型阶段：高科技产业崛起

2007年美国爆发金融危机，以单一金融业为支柱的产业结构难以支撑纽约度过危机，华尔街受创使得纽约市政府寻求多元化发展方式，将科技创新作为产业转型的方向。2010年，纽约市政府提出建设"全球科技创新中心"的目标，基于曼哈顿良好的金

融、媒体、文化基础，探索将互联网技术与传统金融业、广告业、娱乐业相结合，逐渐形成了新媒体、时尚、电信、游戏设计、数字媒体、软件开发、金融技术等新兴产业。2019年，纽约的创新指数已经升至全球第一，在短短10年间转型成为世界科技创新中心。在2022年初，《纽约时报》发表了一篇题为"大技术如何将纽约变成硅谷竞争者"（*How Big Tech is Turning New York into a Silicon Valley Rival*）的文章，展示了纽约科技工作黄金时代到来的重要标志——四大技术平台巨头（亚马逊、苹果、谷歌和脸书）在2022年之前准备在其纽约的办公室继续雇用总计20000名技术员工。由此可见，纽约的科技产业发展潜力巨大。

5. 战略重塑阶段：生命科学产业兴起

2019年疫情的暴发给纽约城市经济造成了巨大冲击，且进一步加剧了长期存在的社会发展不均衡问题。2022年3月出台的《重建、更新、再造：纽约经济复苏蓝图》提出了后疫情时期纽约经济复苏的目标、愿景与战略框架，将重点支持小企业和创业活动，促进经济公平发展，通过投资新兴产业进一步实现经济多元化。在新经济领域，纽约市政府将重点加大对生命科学商业孵化器等产业空间的投资，为研发、制造和临床试验提供专业化的空间，增强生命科学品牌效应，吸引更多企业到生命科学集群地，如曼哈顿的BedpanAlley、布鲁克林滨水区和长岛。

综上所述，纽约从物质生产中心转向创新和研发服务的都市型商务中心，在此过程中，企业及人才的空间需求发生了巨大变化，城市土地也越发紧缺，催生了纽约大量商务办公建筑的需求。

4.1.2　商务办公空间的集聚特征

1. 宏观尺度：呈现"一极四中心，多层次圈层"的集聚特征

纽约市商务办公建筑的集聚特征在不同地区具有明显差异，曼哈顿在纽约市的经济中体现了高度的集聚性、枢纽性和控制性。根据2015年美国人口普查局的数据，曼哈顿金融和保险业就业占比达11.8%，专业和科学技术服务业的就业占比更是高达16.4%。高度的雇员聚集性决定了曼哈顿绝对的领导与控制地位，使其成为商务办公建筑的主要聚集点。

曼哈顿的中心地位由来已久，资本不断流入带动曼哈顿持续发展。曼哈顿将巨额的财政投资于办公大楼开发，使得曼哈顿的商务办公建筑及配套设施保持着一流的水准，并创造出一个个地标建筑，如洛克菲勒中心、世贸中心、林肯中心等。由此可见，曼哈顿作为纽约的中心城区，对企业特别是生产性服务业等创新企业的吸引力较大，其就业量和产值都位列美国城市首位。

布鲁克林、昆士、布朗克斯和里士满相对于曼哈顿而言，产业层次较低，依托差异化的产业构成形成了"四中心""多层次圈层"的集聚格局。布鲁克林和昆士的制造业占比相对较高，批发贸易和零售贸易是其重要产业。布朗克斯的优势产业是保健与社会救助业、零售贸易和房地产及房屋租赁。里士满的就业和产值集中在贸易和保健与社会救助，但该区的产业总量相对较小。整体而言，商务办公空间形成以曼哈顿CBD为中心，布鲁克林、长岛、法拉盛、哈德逊广场等多个区域性商务中心全面发展的格局。

2. 微观尺度：呈现"中心城区集聚、存量空间主导"的集聚路径

纽约市在未来将重点打造生命科学产业集群，商务办公建筑的选址偏向于城市中心区的存量场地。目前，纽约已经形成了三个科技中心，分别是位于曼哈顿的"硅巷"（Silicon Alley）、位于布鲁克林区的科技三角区（Brooklyn Tech Triangle），以及亚马逊即将落户的长岛市（Long Island City）。其中，科技三角区由布鲁克林造船厂、布鲁克林中心区以及丹博（Dumbo）组成。创新商务办公园区大多坐落在城市中心的老建筑内，如布鲁克林Navy Yard地块的工业园区是由几栋七层建筑采用可持续建筑技术进行装修改造后形成的；位于昆士区的长岛市社区则将废弃厂房改造成为商务办公空间，形成生物技术产业的集合地；位于布鲁克林区中心的城市科学与进步中心（Center for Urban Scienceand Progress）是以工程研发为主的科技园区，位于布鲁克林商业区老交通总部，通过存量空间改造提供商务办公场所。

4.1.3 商务办公建筑的布局形态

纽约市商务办公建筑与城市生活经历了一个由分离到融合的过程，采用有别于硅谷的"东岸模式"。

在过去50年里，由于城市的郊区化，纽约的商务办公建筑倾向于坐落在远离市中心的城市郊区，如地处郊区、研发集中的硅谷科技园则是典型代表。这个时期的商务办公建筑选址首先考虑与大学结合，以降低吸引人才的成本，办公建筑与城市生活分离，缺乏对生活品质的注重，忽视工作、家庭和娱乐的有机融合。

在产业向创新科技转型的过程中，园区与城市融合发展成为办公空间布局潮流。纽约在这个过程中涌现出了许多科技园区，为城市的发展导入了创新要素。以美国纽约"硅巷"为例，采用无边界"城区化"创新中心建设模式，通过城市配套功能的完善和提升，构建连接地理空间与虚拟网络的科技创新集群，实现了对全球创新资源的集聚，依托科技创新集群发展所布局的新型创新基础设施，有效促进了纽约大都市区从向外扩张到内城更新的发展转变，由纽约市曼哈顿第五大道和23街交会的熨斗区（Flatiron District）和周边街区延伸到丹波，甚至已超越特定区域，发展成为涵盖纽约市五个行政区的科技创业区域。纽约凭借优势巨大的市场空间和客户群，利用技术改革颠覆传统行业，形成的独特发展模式也被称为"东岸模式"。

4.1.4　发展动力因素与经验总结

1．产业层面：产业结构调整影响办公建筑布局

商务办公建筑是生产性服务业的重要空间载体，因此纽约产业结构的变迁是商务办公建筑空间格局变化的重要因素之一。传统制造业的外迁、都市型制造业的集聚发展以及生产性服务业的崛起共同决定了曼哈顿核心区的地位。与此同时，由于中心城区地价上涨、环境污染等，部分生产性服务业也开始外迁至纽约的其他区，商务办公建筑的多中心格局逐渐形成。

2．设施层面：良好的外部要素促进办公空间的集聚

以曼哈顿为例。一方面，曼哈顿一直享有投资者优先考虑的地位，巨额的公共和私人投资不仅投放于街道、码头等基础设施，而且投放于高级住宅区和办公大楼，使其一直保有先进、现代的设施，为商务办公建筑的发展创造了良好的外部环境；另一方面，曼哈顿的产业高级化吸引了大量高素质人才集聚于此，这类人才及企业对办公空间的需求进一步促进了商务办公建筑的良性发展。

3．政策层面：用地功能的上位调控推动办公建筑与城市融合

现代服务业集群发展需要构建外在有效的空间载体，市政府的作用就在于规划和引导产业集群的发展，为企业主体营造良好的环境。新型科创中心（如"硅巷"）的发展离不开政府适当的干预和调控，政府先后对6000多个地块进行了规划调整，将制造产业用地调整为居住、商业或混合用地，从而适应新的产业需求和经济发展。

4.2　英国伦敦市

伦敦是英国的首都、欧洲最大的城市，位于英国东南部，靠近英吉利海峡，是全英的政治、经济、文化、旅游中心和交通枢纽。伦敦市由伦敦城、内伦敦和外伦敦三大部分组成，并形成了多中心、组团式发展的产业布局模式，面积为1584km²。

伦敦经济主要为"服务型经济"，产业结构趋于稳定，服务业增加值占GDP比重一直保持在91.5%左右，形成以金融服务、商务服务、文化创意为主的服务导向型经济。在此背景下，伦敦不断增加的就业岗位，使得商务办公建筑的面积需求水涨船高。2021年3月2日，英国政府发布了最新的《大伦敦空间发展策略》白皮书（*The Spatial Development Strategy for Greater London*），书中的"2021年伦敦发展计划"（The London Plan 2021）（简称《2021伦敦计划》）提到，政府预计至2041年，伦敦市商务办公的就业岗位将从2016年的198万个增加到2041年的260万个，涨幅31%。伦敦商务办公建筑的面积将从470万平方米增至610万平方米（表4-1）。可见，未来伦敦的商务办公建筑具有较大发展潜力。

办公室就业和楼面面积需求的预测 表 4-1

位置	2016～2041年办公室就业增长		2016～2041年办公建筑空间需求
	总数	占总增长率比例（%）	内部总面积（10^6m^2）
外伦敦	142200	23	0.3～1.5
中央活力区和金丝雀码头（Canary Wharf）北部	367700	59	3.5
内伦敦	109400	18	1.0～1.1
全伦敦	619300	100	4.7～6.1

来源：改绘自"2021年伦敦发展计划"。

4.2.1 伦敦市的产业转型历程

伦敦是全球两大金融中心之一，与纽约比肩。20世纪60年代，伦敦开始进行产业结构转型，制造业衰退及外迁，服务业占比大幅度上升，GDP占比达到60%以上。经历了60年左右的产业调整，目前伦敦服务业上升至90%，进入到服务业内涵深化发展阶段。

1.制造业繁盛阶段

伦敦作为曾经的全球生产中心，在第二次工业革命浪潮刺激下建立了一系列新兴工业部门，如电气机械、汽车、飞机工业等，工业规模急剧扩张。20世纪50年代，伦敦制造业进入繁荣期，成为英国重要的工业城市。1951年，伦敦制造业就业人数达140多万，是当时资本主义国家中工业规模最大的城市，占全国制造业就业人数的1/7以上，制造业占国民经济的比重为42%。之后，伦敦制造业开始面临衰退，就业人数持续下降。

2.服务经济转型阶段

自20世纪60年代起，随着城市土地价格上涨、国际竞争加剧、石油价格高涨等不利因素出现，伦敦城里工业企业向城外转移，导致制造业工人大量失业。1961～1981年，当地制造业人数减少约2/3，产值年均下降约10%，传统制造业部门经历大衰退，服务业开始崛起。进入70年代，伦敦开始实施以银行业等服务业替代传统工业的产业结构调整战略，产业结构从以制造业为主转向以金融、贸易、旅游等第三产业为主。1978～1985年，伦敦就业总人口下降，但商务服务业、金融业的比重仍保持上升态势，商业和金融服务部门及高科技产业创造的就业占到全市的1/3，并创造出40%的财富。伦敦金融业对大伦敦地区以及英国经济发展产生重要的牵引作用，伦敦金融区的GDP占伦敦的14%，占整个英国GDP的2%。之后，随着撒切尔内阁在伦敦启动金融改革，对内放松管制，对外开放金融服务业，带动当地金融等生产性服务业进入快速发展的新阶段，也为伦敦成为全球金融中心奠定了坚实基础。到80年代末，伦敦成功步入"服务经济"时代。

3．新兴服务经济阶段

进入20世纪90年代，世界范围内经济危机的冲击使伦敦经济陷入发展困境，内生动力不足，亟待培育发展新动能。而国内消费升级的推动以及独特的区位优势使创意产业成为伦敦经济增长的新引擎。90年代初，英国政府在全球范围内最早提出发展创意产业，颁布《英国创意产业路径文件》，详细诠释了创意产业的概念，设立"创意优势基金"，鼓励社会资本投入，培育壮大创意产业。创意经济的兴起进一步丰富了伦敦服务经济内涵。据统计，自1997年至今，创意产业是伦敦产值年均增长最快的产业，2012年增加值占伦敦国民增加值（GVA）的10.7%，已成长为产值仅次于金融服务业的第二大产业部门。伦敦市政府于2018年正式启动《伦敦产业战略规划》相关研究工作，并于2020年2月发布《伦敦产业发展战略基础研究报告》，再次强调了文化创意产业的重要地位。此外，先进城市服务、金融和商务服务、生命科学、低碳环保产品和服务、数字科技、旅游业和文化创意产业一同成为未来促进公平、可持续经济发展的七大核心产业。

4.2.2　商务办公建筑的集聚特征

1．宏观尺度：呈现"一核多中心、组团式发展"的集聚特征

伦敦的商务楼宇呈现出1∶3∶1的分布比例特征，即核心区域、中心城区、外围地区的商务楼宇规模占比基本符合20%、60%、20%的比例特征。伦敦商务楼宇存量约2551万平方米，其中金融城556万平方米，占比22%；内伦敦（不含金融城）1553万平方米，占比61%；外伦敦442万平方米，占比17%。

1998～2008年，中央活动区办公用地增加明显，威斯敏斯特增量最大，卡姆登、伦敦城、哈姆雷特城堡、伊斯灵顿、哈克尼和南华克次之，形成以伦敦城为核心的多中心办公服务点群；内伦敦和外伦敦办公用地变化不大，除外伦敦东部减少外，其余地区的办公建筑数量和建筑面积都有所增加，用地分布和变化特点从"多点集群化"趋势向"多中心集群模式"发展。鉴于保护伦敦核心区历史风貌的需求以及适应日益增长的商务需求，自20世纪80年代开始，东伦敦的道格斯岛区（Isle of Dogs）建立了与伦敦金融城遥相呼应的新兴金融区——金丝雀码头，成为伦敦的新兴中央商务区。为拉动全市服务业经济发展，伦敦将2012年奥运场馆选址在东伦敦的格林威治区，进一步加强东伦敦文化创意产业的发展。这些举措使伦敦服务业布局呈现多极化的特点。

2．微观尺度：基于机遇区的商务集群发展

《2021伦敦计划》特别提到了机遇区的打造，利用机遇区提供住房与就业，促进城市的公平发展。机遇区被认为是具有发展能力的重要区域，可容纳至少5000个净增就业岗位，为所有伦敦人增加机会。以伦敦老橡树机遇区（OPDC）为例，现状工业岗位占比55%，工业用地占就业用地的85%。未来，OPDC将重塑产业空间格局，确定将信息

通信与媒体创意、商务与专业服务业、创意制造业、低碳产业以及生命科学作为未来机遇产业。通过提供品质较高的新工作场所和小微企业发展空间、依托交通基础设施或重要科研设施的引入等，吸引新经济相关企业进驻。由此可见，机遇区将成为新兴的商务办公建筑集群发展区域。

4.2.3 商务办公建筑的布局形态

1．交通设施指向

《2021伦敦计划》提到办公市场应该得到巩固，并在可行的情况下得到扩展，将新的发展集中在城镇中心和现有的办公集群，通过改善步行、自行车和公共交通的连接能力来支持商务办公建筑集群的发展。伦敦市公共交通可达性从核心区域往外围逐渐减弱，与商务办公建筑的集聚特征相吻合，可见伦敦市商务办公建筑布局具有明显的交通可达性导向。

2．连片发展格局

伦敦连片发展格局已经非常显著。伦敦商务楼宇主要分布在金融城、伦敦西区、西伦敦、东伦敦、中城、南岸、"科技带"（Tech Belt）七个细分商圈，商圈之间联系紧密，沿泰晤士河连片布局。

此外，伦敦中心城区的商务区之间也在不断强化连片发展的格局，近期形成的"科技带"是一个典型案例。金融城北部肖尔迪奇区的"硅环岛"（Silicon Roundabout）过去10年间聚集着伦敦最前沿的金融科技企业。随着企业的发展壮大，"硅环岛"也逐渐向西拓展到克勒肯维尔、国王十字区，向东拓展到阿尔德盖特并连接金丝雀码头，直至形成连片发展的"科技带"。在这条"科技带"上，不同产业之间密切互动，已在"科技带"选址的企业还包括新能源科技公司Pavegen、机器人初创企业Automata、伦敦大学学院孵化器Base KX、国际旅行公司Expedia等。

4.2.4 发展动力因素与经验总结

1．主导产业变迁

伦敦的产业结构经历了从制造业到服务业再到知识密集型服务业的产业转型过程，伦敦现已成为全球第一大国际金融中心，金融业、创意产业正成为伦敦经济增长的主要源泉，其繁荣发展势必增加办公用地的需求，带动商务办公建筑集群的发展。

2．集聚经济

《2021伦敦计划》的预测表明，在集聚经济、高附加值活动和新空间的可行性的推动下，CAZ区和伦敦内的一些地区将继续推进办公就业和新办公空间的增长。此外，《伦敦产业发展战略基础研究报告》中提到，为进一步吸引全球创新者，伦敦市政府聚焦于打造一个为全民提供良好就业机会、有助于技能提升以及科技传播应用的营商环境，并强调了集聚经济这一重要议题。

3．政府政策

在伦敦的商务办公空间发展过程中，政府的政策与城市规划起到了至关重要的作用。伦敦迅速发展的金融和商业服务业引发了办公服务区对居住社区空间的侵占，为改变这种倾向，伦敦采用抑制市场的策略，将商务活动区限制在伦敦城和威斯敏斯特区等单纯的CBD内。

4．企业需求

《2021伦敦计划》对中小微企业的办公空间需求给予了高度重视，其中提到必须确保有足够的空间来支持新成立公司的发展和容纳中小企业，包括低成本和可负担的办公空间。2014年以来，伦敦市中心的灵活办公空间急剧增长，目前已超过10年来均值的两倍。

4.3　日本东京市

东京位于日本本州岛东部，毗邻北部湾，连接太平洋，是全球最大的经济中心之一，同时也是世界上拥有最多财富500强公司总部的城市，和纽约、伦敦并称为全球三大世界城市。东京行政区范围包括23个特别区、26个市、5个町和8个村，面积2193.96km²。人口居日本各行政区之首，截至2022年1月，达到1398.8万人。

4.3.1　东京市的产业转型历程

作为日本的首都和国际中心，东京产业发展和更新一直处于全国领先地位，主要公司都集中分布在千代田区、中央区和港区等地。2021年东京GDP达到66426亿美元，仅次于美国纽约。东京市的产业转型基本可以划分为三个阶段：工业化繁盛阶段、服务型经济阶段以及知识密集型产业发展阶段。

1．工业化繁盛阶段

日本的工业化发展始于19世纪80年代（明治维新后），在1919年，工业产值首次超过农业，完成工业化初期阶段，随后持续增长直到20世纪30年代中期。后来长达10年的战争使战后日本的工矿业指数较战前下降了一半左右。第二次世界大战后，借助美国大量订单的需求，日本经济逐渐恢复，并在50年代进入高速增长期，以东京为中心，包括横滨、川崎而组成的京滨工业带则是日本经济的核心力量所在。1946～1955年属于经济恢复期，东京进行了重化工业化，大力发展以机械、钢铁、化工等重化工为主的"临海型"经济。1955年，东京的工业从业人员规模为76.47万，1965年增加到140.45万。期间，包括食品、纺织、印刷出版、化学、金属和钢铁等多个部门在东京有了很大发展。1965～1973年，是以机械、钢铁、化工等重工业为中心的经济高速发展时期。其时，包括日本最大的钢铁企业新日铁和最大的综合性化学工业公司三菱化工公司的总部和主要的生产基地都在东京。

2. 服务型经济阶段

1973年以后，随着各地开发政策的调整，东京市内工业的发展速度及占比开始下降，钢铁、化工等部门开始向市外疏散。1981年，服务业占比第一次与制造业持平，标志着东京开始向服务型经济转变，产业结构逐步向生产性服务性质的中枢管理职能转换。1975～1996年的21年间，东京与商务办公建筑相关的企业总部始终保持在16%～17%，而其他的金融业、通信服务业与面向企业的服务业比例从原来1985年的21.2%增长到2015年的36.4%，制造业占比从24.2%下降到14.8%（图4-1），约有50.5万个就业岗位进入办公室楼宇。

3. 知识密集型产业发展阶段

自从进入服务型社会后，东京的生产性服务业在服务业中的占比不断提高。信息、研发和广告业、房地产业、法律和会计服务业、金融业以及商务服务业的生产总值都在不断提升。进入20世纪80年代以来，在信息产业带动下，以互联网为代表的新经济迅速崛起，经济活动范围拓展到更广地域，形成区域多中心发展格局。东京创新策源地的职能进一步深化，创新业态成为主流。第一，制造业与服务业融合深化，涌现出大量小微型"新产品研究开发型工厂"；第二，互联网兴起催生服务新业态，以网络服务、创新金融、供应链管理以及商业模式创新为主要内容的创新经济成为主流。

2005年生产性服务业的产值已占整个服务业的58%，东京形成了管理控制中心和金融房地产服务两大核心功能。2017年9月东京制定了最新一版城市总体规划——《都市

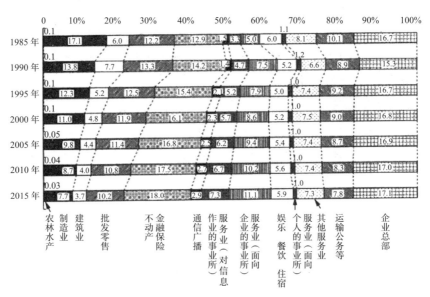

图4-1 东京相关行业的构成和地位

来源：屠启宇. 金字塔尖的城市：国际大都市发展报告［M］. 上海：上海人民出版社，2007.

营造的宏伟设计——东京2040》（简称《东京2040》），规划提出，东京将继续保持世界领先的国际商务交流城市的地位，引领世界和日本的国际金融等先进的商务功能集中在各区的中心。

由此可见，东京已由制造业中心转型升级为知识密集型创新产业集聚的活力城市。日本的产业政策更是越来越强调提高生活质量和改善居住环境的指导思想，加上土地稀缺性等原因，导致东京的企业朝小型化、精简化方向发展，由此带动的商务办公建筑需求是巨大的。

4.3.2　商务办公建筑的集聚特征

1．宏观尺度："多心多核+区域轴线"的集聚特征

在东京的都心区域，密集的道路和交通网络形成了具有复杂功能的核心，如国际商务和交流功能，通过全球交流创造新价值，吸引了众多就业者在此集聚。尽管中心强有力的发展为日本国际地位的提升发挥了巨大作用，但是东京也意识到单中心集聚所带来的问题。1982年东京市政府在《东京都长期计划，我的东京——21世纪愿景》中提出，纠正"都心一点集中型"城市结构，将业务功能分散到副都心和多摩，实现职住平衡的"多中心城市结构"。

因此，东京的商务办公建筑呈现"多心多核"的空间集聚特征。《东京2040》提出的"交流、合作、应对挑战型城市"目标，将以环状大型城市群结构为骨架，依托自然资源和交通资源形成的框架性城市空间基础，强调轨道交通线网与干线道路网络并重，实现人、物、信息的自由移动和交流。中央环状线内为中枢广域中心，内部设置"国际商务交流区"，强化东京作为国际经济活动中心的集聚功能；于外环道和中央环状线两条道路之间形成多摩新城中心，内部设置"多摩创新交流区"，引导职住平衡，形成新城产业集聚与创新发展；其他都县于外环道和中央环状线之间形成埼玉广域中心、筑波—柏广域中心、千叶广域中心和横滨—川崎—木更津广域中心。此外，《东京2040》中提出了连接各中心的"区域轴"，通过引导土地利用，以"人的交通"为重点，将多个中心有机地联系起来，有助于提升经济活力和创造新价值的城市功能（图4-2）。

2．微观尺度：存量空间导向下的商务集群发展

东京市的存量空间再利用是应对城市土地稀缺的问题。20世纪繁盛的工业化进程给东京遗留了许多富有利用价值的仓库、工厂空间，东京将利用这些空间打造具有活力的商业商务空间。此外，2020年东京奥运会的设施将被重新利用，与周围的城市发展相联系，转变为一个具有广阔区域的城市遗产。《东京2040》提出将在运动员村中引入公司，开发家居办公及各种社区服务设施，形成小范围的商务办公建筑集群。

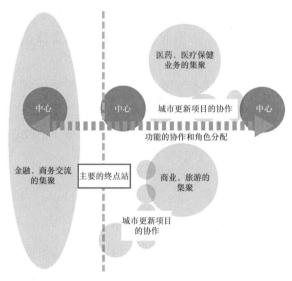

图 4-2　以"城市功能集中"为重点的区域轴线（如金融轴线）

来源：《都市营造的宏伟设计——东京2040》。

4.3.3　商务办公建筑的布局形态

1．轨道交通指向

东京市以轨道为主体的综合运输系统被公认为是世界上最高效的，其之所以能够成为国际大都市，发达的轨道运输系统发挥了极大作用。《东京2040》提出要创造一个基于轨道交通的城市，基于现有的存量加以利用，将城市与车站周围联系起来。东京市基于轨道交通的城市发展模式主要有两种：一是以枢纽站为中心的聚集式开发，二是和轨道同步发展建设的沿线式开发。"聚集式"即以枢纽型车站为中心的高密度复合型开发，着力建设开发枢纽站点的商业、办公设施，营造优质的购物与办公环境；"沿线式"多指轨道沿线的郊外车站开发。

轨道交通沿线土地的开发增强了区域的吸引力，吸引了更多的企业入驻与更多的人流，从而再次提升了区域价值，使轨道交通沿线与交通枢纽地区变成了日益繁华的区域。为了保障沿线产业的活力和持续开发新事业的机会，企业不断建设更便于市民生活的活动空间，同时不断提升服务水平，由此进一步推动了轨道交通的商务办公建筑集聚。

2．科研机构指向

《东京2040》提出在东京市内建设"国际商务交流区"和"多摩创新交流区"，作为提升日本和东京经济动力的"引擎"。多摩新城作为多摩创新交流区的中心，未来应承担重要的创新引领作用。对外加强新城与周边八王子、青梅、立川等城市的合作与交流，激发新的灵感和创意；对内促进各类创新要素集聚发展，利用国际交流区和更新重点区内的低效用地，集聚高等院校、研究机构和各类创新企业，打造创新引擎。新城及周边已集聚了包括东京都立大学、中央大学、多摩大学等在内的多所高校；此外，日本最大的战略和咨询公司野村综合研究所、著名保险公司朝日生命、著名IT公司SCSK等机构也聚集于此，创新要素集聚，创新氛围浓厚。

4.3.4　发展动力因素与经验总结

1．集聚经济

东京市的公司倾向集中在CBD，强烈的中心集聚特征表明集聚经济在当中发挥了至关重要的作用，集聚可以为从业人员提供便捷的知识交流、创新平台，在形成规模经济的同时还能加强企业间联系与协作。

2．邻近特定机构

除了集聚在中心城区，东京市的商务办公建筑还与高校、科研院所、政府等特定机构绑定在一起，如多摩创新区的创新要素集聚与政府机构绑定等。

3．交通可及性

从轨道交通沿线及枢纽导向下商务办公空间的紧凑开发、以"区域轴线"的形式将各商务中心进行有机连接等开发方式可以看出，东京市的商务办公建筑选址十分注重交通的可达性。

4．政府政策

东京市商务办公建筑的集聚离不开政府政策的指导、推动和扶持。东京市政府在实施"多心多核"城市发展战略上，由于担心严格限制中心区的发展"会妨碍东京固有的活力，有可能失去市中心的可持续性发展"，因而主要采用引导策略（如财政、金融方面的优惠和补助）。因此，虽然多中心的发展策略促使副中心区持续发展，但市中心区仍显示出对商务办公职能强大的吸引力。

4.4　新加坡

新加坡（Singapore）位于马来半岛南端、马六甲海峡出入口，由新加坡岛及附近63个小岛组成，其中新加坡岛占全国面积的88.5%。新加坡很多地区都是填海产生，目前填海计划仍在进行中。新加坡共分为5个行政区，定名为东北、东南、西北、西南和中区社理会。

随着东南亚的崛起，新加坡已成为企业在本区域的商业和创新基地。一直以来，新加坡都是企业通往东南亚的门户，无论是大型跨国企业还是发展迅速的初创公司，其决策者都无一例外地将新加坡视为经商乐土，选择在新加坡建立总部。根据《国际科技中心创新指数2022年》，新加坡的创新指数排名第13，仅次于首尔（表4-2）。作为全球的创新中心，新加坡以全球研发实验室为特色，为财富500强公司打造出生机勃勃的支撑体系。这里还设有150多家风投基金、企业孵化器和加速器。此外，多家亚太地区总部都坐落于此，如Grab、来赞达（Lazada）、雷蛇（Razer）和冬海集团（Sea）等。

2022年国际科技中心创新指数排名   表 4-2

城市 （都市圈）	综合		科学中心		创新高地		创新生态	
	得分（分）	排名	得分（分）	排名	得分（分）	排名	得分（分）	排名
旧金山—圣何塞	100.00	1	97.93	2	100.00	1	100.00	1
纽约	87.13	2	100.00	1	74.77	4	94.52	3
北京	80.39	3	88.40	4	75.34	3	82.60	5
伦敦	79.49	4	85.17	8	65.77	20	97.41	2
波士顿	78.85	5	94.24	3	68.88	11	81.88	8
粤港澳大湾区	78.53	6	86.17	5	72.45	7	83.06	4
东京	78.39	7	74.31	39	84.15	2	75.84	20
首尔	72.93	12	71.52	55	72.74	6	78.19	14
新加坡	72.84	13	78.44	24	66.35	17	81.11	10

来源：北京市科学技术委员会. 国际科技中心创新指数2022［R/OL］.（2022-12-19）［2023-03-29］. https://www.ncsti.gov.cn/kcfw/kchzhsh/gjkjchxzhxzhsh/gjkjchxzhxzhshXGXX/202212/P020221219008238953635.pdf.

4.4.1 新加坡的产业转型历程

随着经济发展阶段和要素禀赋的变化，新加坡的产业结构也发生了深刻变化（表4-3）。新加坡的产业转型基本可以划分为四个阶段：传统贸易经济阶段、制造业繁盛阶段、服务型经济转型阶段、创新驱动产业转型阶段。

新加坡不同产业增加值占 GDP 比重（单位：%）   表 4-3

类别＼年份	2005	2010	2015	2019
商品生产业	32.9	28.2	25.8	25.8
制造业	28.3	22.0	19.2	20.9
建筑业	3.0	4.7	5.1	3.7
公共事业	1.6	1.5	1.5	1.2
其他	0.1	0.0	0.0	0.0
服务业	64.0	68.1	69.7	70.3
批发和零售业	17.1	19.1	16.4	17.3
运输和仓库	10.2	8.2	7.5	6.7

续表

年份 类别		2005	2010	2015	2019
	住宿与餐饮业	2.0	2.0	2.2	2.1
	资讯与通信业	3.9	3.7	4.0	4.3
	金融服务业	9.7	11.0	12.5	13.9
	商业服务	10.9	13.7	15.8	14.8
	其他	10.2	10.5	11.3	11.3
房屋所有权		3.1	3.7	4.5	3.8

来源：朱兰，邱爽，吴紫薇. 发展思路、产业结构变迁与经济增长：以新加坡和中国香港为例［J］. 当代财经，2022（3）：3-15.

1. 传统贸易经济阶段

新加坡的传统经济以商业为主。第一次产业结构转型是在1959～1965年，政府推动主导产业从传统转口贸易业转向进口替代型工业。20世纪50年代后期，东亚多国纷纷独立，越来越多的国家采取直接贸易的方式发展对外贸易，新加坡赖以为生的转口贸易迅速减少。1959年新加坡获得自治权后，为了摆脱经济困境，新加坡政府颁布了一系列产业政策促进产业结构由转口贸易转向进口替代型工业。1960～1965年，新加坡工业增加值比重从21.2%增至26.7%，其中制造业增加值比重从11.2%增至14.3%。

2. 制造业繁盛阶段

第二次产业结构转型是在1965～2005年，新加坡从进口替代型工业战略转向发展出口导向型工业，开始工业化进程。1965年，新加坡脱离马来西亚独立，失去原料供应来源和商品销售市场，政府不得不改变经济发展战略，从进口替代转向出口导向，大力发展工业。1965～1980年，服务业增加值比重从70.3%降至60.3%，工业增加值比重从26.7%增至37.8%，其中制造业增加值比重从14.3%升到27.5%，成为增长最为迅速的部门。

3. 服务型经济转型阶段

随着劳动力成本和土地价格的上涨，以劳动密集型为主的制造业已不能满足新加坡经济发展的需求，亟待通过技术革新以提高劳动生产率。在此背景下，制造业升级成为必然，劳动密集型制造业逐渐转向资本、技术密集型产业，服务业特别是生产性服务业在当中所发挥的作用越来越大。1980～2005年，新加坡工业增加值比重始终保持在30%左右，服务业增加值比重则增加至65%，三次产业结构基本稳定。

4. 创新驱动产业转型阶段

在"工业4.0"的时代背景下，新加坡积极实施经济转型战略与政策，以抓住"工业4.0"带来的机遇并应对挑战。2005年以后，新加坡转向知识经济，发展资讯科技产业，服务业比重开始上升。随着新一代信息技术和产业变革，新加坡工业增加值比重下降，稳定在25%左右；服务业增加值比重则由2005年的64.0%增至2019年的70.3%（见表4-3），其中商业服务业、金融服务业、资讯与通信业三类生产性服务业的增加值比重增长较为明显。2016年3月，新加坡推出45亿新元（约合人民币约240亿元）的产业转型计划，为23个工商领域制定转型蓝图，以提高企业生产力和投资技能、推动创新、走向国际化为目标。2019年10月，新加坡政府设立全国人工智能署，该署隶属于智慧国及数码政府署。新加坡人工智能策略的愿景是到2030年使新加坡成为研发和采用具有影响力及可扩展的人工智能方案的领导者。

4.4.2 商务办公建筑的集聚特征

1. 宏观尺度："一核多中心"的集聚特征

2019年3月27日，新加坡市区重建局发布了《总体规划草案》（2019）（简称《规划2030》），为新加坡2030年的城市空间发展指明方向。《规划2030》提到，新加坡要打造更强大的经济，就需要做好规划和拨出合适的土地以支持振兴现有产业和发展新的增长区域。在规划中，新加坡提出构建四个主要门户的概念，包括中央商务区、北部门户区、东部门户区和西部门户区。

中央商务区在新加坡充满活力的市中心，是全球商业和金融中心的所在地，也是一个充满活力的24/7全天候服务生活方式目的地；北部门户区是进入新的创新单元（如农业技术和食品、数字技术和网络安全）机会的入口，未来将强化位于兀兰的区域中心，将其打造成为北部区域的经济中心；东部门户区主要利用樟宜航空枢纽扩建的机会，加强空港地区与世界的连通，发展与航空有关的业务，构建创新品质生活商业集群，包括新加坡科技设计大学（SUTD）、樟宜商业园（CBP）及未来的樟宜东城区；西部门户区是中央商务区以外最大的商业商务节点，也是首屈一指的高科技制造中心，由裕廊创新区（JID）及其周边的裕廊和大士工业区组成。

由此可见，新加坡整体打造出以中央商务区为核心的商务办公区，北部、东部、西部为次要商务门户区的空间集聚特征。

2. 微观尺度：基于产业园区的商务集群

除了集聚在城市CBD，新加坡商务办公建筑还以产业园区的形式形成创新集群。2014年，新加坡政府公布了"智慧国家2025"的十年计划，智能产业园区的打造起到至关重要的作用。作为新加坡首个试行的"企业发展区"（eterprise district），榜鹅数码园区（PDD）是新加坡最大的工业地产发展商JTC（裕廊集团）旗下最具代表性的高科技的办公园区，将为新加坡增添超过2000份科技相关工作岗位和28000份IT相关工作岗位。榜鹅数码园区的目标定位为新加坡的"硅谷"，将集聚包括人工智能、数据分析在内的数字和网络安全产业集群，吸引国内外公司前来落户，打造新加坡北海岸创新走廊，通过融合创新技术和理念来推动新加坡的智能产业发展。此外，新加坡1998年JTC

在樟宜机场附近规划新建樟宜商务园，园区占地面积71.07hm^2。基于成熟的周边配套，园区采用功能混合型园区发展模式，在功能构建上主要包括：商业+金融+办公+酒店+居住。该园区可以说是"工业3.0"产业园区的典型代表，以花园式的环境、便利的轨道交通、配套齐全的生活设施吸引了如IBM、Honeywell、Xilinx、华为等众多知名跨国企业的进驻，形成了具备社区属性的商务办公建筑集群。

4.4.3　商务办公建筑的布局形态

1．交通设施指向

新加坡的商务办公建筑主要在交通设施附近布局，如机场、地铁站点以及铁路线。根据《规划2030》，樟宜地区将成为一个充满活力和繁荣的经济中心，承载与樟宜机场协同效应最大化的产业。樟宜机场周围将形成充满活力的"生活 — 工作 —娱乐 —学习"生态系统，未来的5号航站楼门口将会形成新的商务办公建筑群、智能工作中心、灵活的会议室和大厅、酒店和服务式公寓；此外，依托TOD站点也是新加坡商务办公建筑布点的主要形式，如榜鹅数码园区以两个轨道交通站点为核心延伸出一条带状的数码园区，以及伍德兰林荫大道（Woodlands Avenue）未来的混合用途开发项目，包括住宅、办公和零售组件，与即将建成的伍德兰东海岸线（Woodlands Thomson-East Coast Line）地铁站无缝连接。

2．城镇社区指向

《规划2030》十分强调工作与生活相结合，提供给城市居民更多的选择就近工作的机会，因此商务办公建筑的布局多与城镇社区相结合。首先，中心区倡导功能混合，在CBD区域规划更多住宅，以便让更多的人能共享中心区优质资源，并实现就近就业，以及拥有更多的就近休闲与娱乐机会；其次，在产业园区的规划设计中强调与居住社区紧密相连，提倡"把工作带到每个城镇"。

3．创新要素指向

新加坡的商务办公建筑布局倾向与创新要素绑定，如大学、科研院所等。例如，樟宜地区的规划中提到借助新加坡科技设计大学和樟宜商业园，一个具有居住属性社区的创新生态系统将吸引与货运相关的企业和机构或与航空相关的研发，包括人工智能和机器人技术；以及在伍德兰北海岸（Woodlands North Coast）的规划中提出，在支持协作的校园式多样环境中设有多样的工作机会，灵活的工业空间将鼓励知识密集型和以服务为导向的活动与制造业务并置在一起。

4.4.4　发展动力因素与经验总结

1．交通可及性

商务办公建筑涉及大量人流上下班，《规划2030》十分强调城市居民"更容易获得工作和便利设施"，到2040年，居民可在20分钟内到达最近的邻里中心，商务办公建筑也偏好集聚在交通站点和主要干路附近，以便获取更高的通达性，由此可见交通可及性对新加坡商务办公空间集聚的重要作用。

2．政府政策

新加坡的商务办公建筑布局受到政府规划的强力引导，在进行现代化开发伊始，新加坡政府就极为注重产业空间的规划布局和用地增长的供给，城市规划在商业商务用地由无序到高效利用的转变过程中发挥了至关重要的作用。

3．人居环境适宜度

新加坡被誉为"花园城市"，其城市规划注重提升城市中的商业娱乐水平、公共服务质量以及蓝绿空间，正是优美的城市环境吸引了企业和人才的入驻；此外，产业园区多依托成熟的社区和公共服务，其中不乏滨海高端住宅和优美的生态环境，促进了产业发展的人才集聚。

4．邻近创新要素

新加坡的产业园大多邻近高校，园区内部也注重引导研发企业的入驻，而且倡导创新要素的互补利用；另外，新加坡科技研究局、若干政府服务部门也设在其中，这也吸引了大量企业入驻。

中篇

典型案例研究
——广州市商务办公建筑布局模式与动因

第5章　　广州市商务办公建筑发展背景研究

现在的研究往往容易忽视背景的研究，常常在不同背景、条件的情况下，参照相同的案例研究结果来规划，作出南橘北枳或拔苗助长的错误发展决策。这是没有深刻认识到，城市空间的发展就如同一株植物要在合适的土壤、酸碱度、光照雨量下才能生长。因此，本书把城市相关背景放在重要位置重点研究：研究城市宏观背景对商务办公空间建设的直接或间接影响。

5.1　广州市商务办公建筑发展的地理与文化环境背景

5.1.1　广州交通枢纽的地理条件

在广州两千多年的历史中，直到今天，外来文化都对广州经济、文化发挥着不可低估的作用。这与广州是中国南部主要港口城市的地理位置有关，其港口的商务作用也带来外来文化的交流。

秦汉时期，番禺已成港市，并称中国九大都会区之一。东汉，番禺已发展成为对外贸易港口。三国吴黄武五年（226年），分交州为交、广二州，广州治所在番禺。从此，以广州为启航港的"海上丝绸之路"确立，对外贸易蓬勃发展。唐宋时期，广州发展成为"海上丝绸之路"第一大港和世界东方大港。当时由于政府实行对外开放贸易政策，并允许私人出海贸易，海路通商贸易空前繁荣。据唐人贾耽在《皇华四达记》中记载，唐代"海上丝绸之路"航线有两条：一条是从广州起航到日本；另一条是从广州起航经南海、印度洋沿岸到达红海地区。后者称为"广州通海夷道"，是当时从广州出海直到波斯湾、东非和欧洲的"海上丝绸之路"，全长14000km。这是16世纪前世界上最长的远洋航线，标志着广州港口在"海上丝绸之路"的重要地位。

改革开放后广州港口也不断发展，成为我国第三大港口，也是珠江三角洲以及华南地区的主要物资集散地和最大的国际贸易中枢港。广州还建立了联系国内主要城市的轨道交通网，最早建立广深高速铁路，现有京广复线、广茂线、广梅汕线、广深线、广九准高速铁路、广珠澳铁路、武广客运专线等铁路与高速铁路。广州成为中国第三大城市，华南核心枢纽城市，全国五个中心城市之一。

5.1.2　广州政治、经济、文化中商贸特色浓厚

由于广州地理位置便于商贸往来，宋朝起就大力发展对外贸易，宋王朝在广州设立中国历史上第一个海关——提举市舶司，初由知州兼任市舶使，后由朝廷任命专职官员，负责外贸管理。元代，广州"海上丝绸之路"第一大港的地位虽面临新崛起的泉州挑战，但广州对外贸易的繁盛未受影响。据元人陈大震所撰《（大德）南海志》记载，来广州贸易的国家和地区有140多个，占元代全国对外贸易的国家和地区总数的64%，超越宋朝时三倍以上。明清时期，朝廷对海路时开时禁、只许广州对外开放的特殊政策，更令广州两度成为中国唯一对外开放的港口，同时，朝廷特许十三行统一经营全国对外贸易，所以十三行有"金山珠海，天子南库"之誉。

对外的商贸往来也带动了文化的交流，随着近代对外商贸对经济发展的作用加强，广州也成为中国民主革命的策源地；当代广州又成为全国改革开放的前沿阵地。此外，广州的自然和人文条件蕴含着巨大优势，其中包括河、海港兼备的地理优势与一脉相承的对外开放贸易传统，是著名的华侨之乡以及具有毗邻港澳的优势。

1891年，康有为在广州长兴里创办"万木草堂"，采取新式教学体制和教学方法，教学内容既有中学，也有西学，先后培养了千余名新式学子，成为"维新志士的摇篮"。1894年11月，孙中山创立中国最早的反清革命团体兴中会，首次提出推翻清朝政府，建立资产阶级民主共和国的理想。1992年，邓小平视察南方发表重要谈话，广州市干部和群众的思想进一步大解放，掀起新一轮改革开放热潮。[1]

广州的地域枢纽位置导致经济、政治、文化具有开放性强、多元、务实、商贸特色浓厚的特点。这种历史文化依然延续至今，注重商贸，灵活、扎实、诚信成为广州的文化特色。这种文化又反作用于服务业，形成以商业服务为主产业的特征，这也是地域文化与经济、政治形成互动的结果。

5.2　广州市商务办公建筑发展的经济产业背景

随着我国改革开放的不断深化，第三产业结构和商务办公空间发生了重大的变化，商务办公空间的发展是随着第三产业经济发展而发展的。

5.2.1　国际上从农业、工业向服务型经济转换的趋势

根据国际经验，当第一产业的占比降低到20%以下、第二产业的占比上升到高于第三产业而在GDP结构中占最大比例时，工业化进入到中期阶段；当第一产业的占比再降

1　二千多年历史的文化名城广州[N].广州日报，2007-06-27.

低到10%左右、第二产业的占比上升到最高水平时，工业化就到了结束阶段。当一个经济体完成工业化和城市化后，有几个明显的特征：人均GDP超过1万美元（2000年不变价美元）或1.3万国际元（2000年国际元），农业就业占比降低到10%左右、城市化率超过70%，能源资源消耗达到一定水平。人均GDP在1万美元左右，世界各国第三产业占比平均约为63%。发达国家在20世纪60年代已完成了工业经济形态向服务型经济形态的转换，表现在产业结构中第三产业占比超过第一和第二产业的总和，产业结构效益高，各种产业比较协调。新兴工业化国家和地区也于80年代开始向服务型经济形态转换，但第二产业仍占有较大比重，产业结构效益较高。第二产业的就业结构转换滞后于产值结构转换，第三产业则恰恰相反，而第一产业的劳动生产率较低。发展中的工业化国家和地区于90年代开始向服务型经济形态转换，但第二产业占比仍较大，接近第三产业的水平，各种产业的产值占比与就业占比虽然比较接近，导致统计意义上的较高的产业结构效益，但由于第二、第三产业占比仍比较接近，所以，虽然产业结构效益在提高，但实际水平仍较低。

广东省三大产业不够协调，与发达国家相比（表5-1），第一产业结构的转换滞后于产值结构的转换，劳动生产率明显偏低，第二产业则明显偏高。尽管各国或各地区的发展状况不尽相同，用个案不能完全代表一类国家和地区，但以上分析却能够反映一种趋势和规律，产业结构服务化和高效益代表着当今世界经济发展和社会进步的最高阶段，这也必然引导信息产业的发展。

各国或地区三大产业占比对比　　　　　表 5-1

国家或地区（资料年份）	美国（2020年）	英国（2021年）	法国（2021年）	日本（2019年）	广东省（2022年）	广州市（2022年）
第一产业占比(%)	0.8	0.5	1.9	1.2	4	1.1
第二产业占比(%)	17.6	19.5	18.8	26.6	41	27.4
第三产业占比(%)	81.6	80	79.3	72.2	55	71.5

来源：中华人民共和国商务部《对外投资合作国别（地区）指南》及广东省统计年鉴、广州市统计年鉴（2022年）。

5.2.2　广州的产业结构特征

虽然广州外贸活动历史悠久，且以广交会闻名全球，但就广州是广东省政治中心的地位来说，其开放程度还是较低的，外贸依存度还远远低于北京、上海、深圳（图5-1），甚至仅仅稍微高于全国平均水平，这不能不令人深思。

广州是一座经济独立、工业门类齐全、工业结构稳定均衡、经济增长速度稳定可持续性强的城市。广州拥有工业39个大类中的34个产业类型，结构覆盖面广，与深圳集中

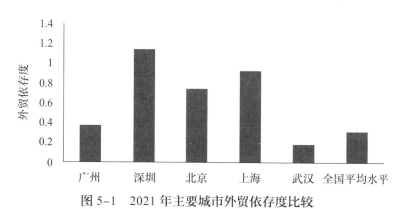

图 5-1   2021 年主要城市外贸依存度比较

来源：以上各城市（广州、上海、北京、深圳、武汉）统计年鉴（2021年）。

某类型产业结构不同，具有较强的经济稳定性。工业化向重工业化方向发展的同时，第三产业显示强劲增长。第三产业早在1990年前便超过了第二产业占比，在2000年第三产业占比超过50%，是全国两座率先超过经济总量一半的城市之一（北京2000年也超过50%占比）。广州第三产业就业人口232万，成为吸纳人口最多的产业。

2021年广州GDP增长主要是第二和第三产业拉动的，第一产业贡献率极低。与国内其他城市相比，广州第三产业贡献较大，对GDP总量增长贡献达71.56%、拉动GDP增长8.0%，仅低于北京2021年的81.7%、8.5%；但从第三产业的细分产业对GDP增长的贡献来看，对GDP增长贡献最大的三个细分产业分别是交通运输、仓储和邮政业、批发和零售业、租赁和商务服务业，而科技含量较高与商务办公空间联系紧密的生产性服务业，如科学研究和技术服务业，金融业，信息传输、软件和信息技术服务业等现代服务业贡献较低。这说明广州第三产业发展不均衡，内部结构比例失调，与现代化的生产性服务业增加值占服务业主要占比的要求差距明显，还属于第三产业发展的较低层次。尽管如此，近五年广州的生产性服务业还是在快速发展，所以广州的商务办公空间建设也在发展。

5.2.3   广州第三产业及生产性服务业的初级发展水平

广州市政府近年来不断倡导建设知识型社会、创新型社会，这表明在工业化社会的最后阶段，广州将会出现一个新的社会发展阶段，在该阶段发挥重要作用的是知识、信息、服务的生产与分配，而不再是物质财富的生产与分配。社会整体将缩短工时、延长受教育的时间和增加闲暇的时间。这就会为各类服务业的迅猛发展提供契机。

2021年广州人均GDP的第三产业比例较高。相比于2004年，广州第三产业中细分产业比重有较大变化。2004年产业较大的基本上是传统服务业，而金融业，信息传输、软件和信息技术服务业等生产性服务业排名靠后，相对于北京、上海来说，这些产业所占结构份额偏低，这与广州人均GDP超万美元的形象不符。2008年房地产业占第三位，金融业占第四位，信息传输、软件和信息技术服务业占第七位，生产性服务业占比有较大提高。这也是2007年的办公建筑达到高峰，商务办公空间出现强势增长的原因。

此外，地域间产业分工不断加剧也促进了广州第三产业的发展：顺德、东莞等制造业不断发展，广州则以良好的交通优势与教育研发背景，逐步成为珠江三角洲的企业总部中心与研发、信息中心。这使得广州产业服务化的占比相对较高；广州制造业生产中，设计、企划等脑力劳动作为一项独立工作或一种要素投入，占生产成本的比重增加，即形成所谓硬产业的软化，原始设备制造商模式（OEM）的普遍运用，导致品牌运营以及设计服务逐步专业化后从工厂分离出来，进入商务办公空间。

传统的第一、二、三产业在生产过程中引进信息技术或接受信息服务企业提供的服务等导致产业结构信息化的发展。引进信息技术是"硬"信息化，接受信息服务则是"软"信息化。对信息产业而言，其他产业的信息化需求就是信息产业的市场空间。同时，发达的信息产业可以拉动其他产业的信息化需求。因此，第二层次上的产业信息化是联结信息产业和其他产业的桥梁，也是信息产业实现其价值的主要途径。这种"软"信息化导致广州的第三产业中生产性服务业人口不断增加（图5-2），1982年生产性服务业的就业人口为8907，到2021年增长为1982年的7.56倍（达到67335），成倍增长的同时占广州市全市就业人数不到9%，可见生产性服务业快速发展的同时还蕴藏极大的发展空间。同时，开业的企业数也是快速增长，从2017年的36094家增加到2021年的67335家，这直接导致办公空间的建设量迅速增加。政府加大数字化城市建设的政策，使广州办亚运会期间首先建成Wi-Fi城市，这也很好地加速了城市软件化、信息化的发展趋势。总的来说，广州经济在深厚的地理优势、文化传统中形成。第一、二产业基础扎

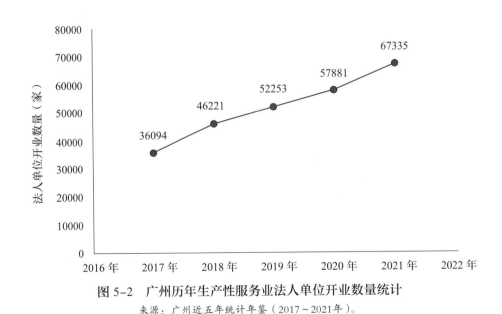

图 5-2　广州历年生产性服务业法人单位开业数量统计

来源：广州近五年统计年鉴（2017～2021年）。

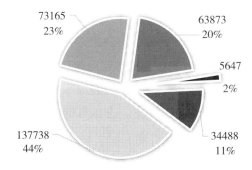

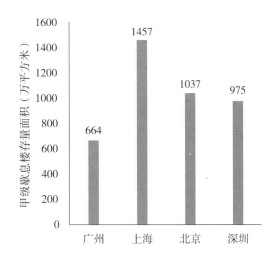

图 5-3　办公企业类型数量分析	图 5-4　2021 年甲级写字楼存量面积
来源：广州市统计年鉴（2021 年）。	来源：仲量联行. 应势开新，重塑格局：2021 中国办公楼市场白皮书［Z/OL］.（2021-09-07）［2023-03-29］. https://www.joneslanglasalle.com.cn/zh/trends-and-insights/research/2021-china-office-white-paper.

实，第三产业虽然发达，但是以商业为主，而科技性服务业发展不充分，自主研发能力较差（图5-3）。相对于广州的GDP，广州的甲级写字楼面积比深圳还小（图5-4），属于写字楼面积发展滞后于经济发展的城市。广州第三产业结构还需优化，产业等级还需加强。因此，广州生产性服务企业应向科技含量高的信息软件业、金融业发展。这样既会为商务办公空间的发展带来机遇，又会使第三产业反过来带动第二产业的技术更新与产品升级，从而提高就业人数与居民收入，推动广州经济的良性发展。

5.3　广州市商务办公建筑发展的企业环境

办公企业是商务办公空间的使用主体，广州市的办公企业有着广州地域文化特色的鲜明特征，在组成上以民营的有限公司为主体，在行业上以广州传统优势商贸业为主，形成特色的办公企业群。

5.3.1　广州市商务办公建筑需求者：以迅速发展的内资中小企业为主

1．以中小企业为主

由于笔者可以查找到的最近的资料为2021年广州市统计年鉴，因此本书只能分析2021年末的统计数据。2021年末广州有837112个单位法人在册，其中属于办公企业的生产性服务业法人314911个，数目较多，占企业总数的37.6%，第三产业法人总数（717818）所占比例较大（达85.7%）；其中，单产业法人为主，为774340个，多产业法人较少（62772个），可见生产性服务产业规模数量较大，而且多以中小企业为主，跨行业多产业发展的较大型企业所占比例只有5%；企业法人部分注册金额为10663112万元人民币，占广州企业中总注册金额的45%。

由图5-5可以看出，生产性服务业主要以内资企业为主，港、澳、台商投资企业及外资投资企业合计仅占2.09%；国内企业数量上以私营企业为主，占总数的86.23%，其次是有限责任公司（6.48%）、集体企业（1.74%）、其他企业（1.68%）、国有企业（1.03%）、股份有限公司（0.49%）、股份合作企业（0.23%）、联营企业（0.03%），可见政府对私人与集体的政策支持可以加速生产性服务业的发展；此外，国外的企业在第二产业占16.63%，第三产业占83.30%，其中金融业占1.81%，说明众多国外先进企业尚未落户广州，无论是第三产业还是生产性服务业，应该加大吸引国外先进企业来广州服务的力度，增加其占总数的比例。

在行业上，以租赁和商务服务业的企业数量为主，约137738家企业，占生产性服务业总数的19.19%，其次分别是信息传输、软件和信息技术服务业（63873）与科学研究和技术服务业（73165）各占8.90%、10.19%，房地产业的34488家（约占4.80%），金融业属于行业链的尖端行业，5647家的数量已经不算少，但据证券时报·中国资本市场研究院统计，北京上市金融科技企业数量为上海的2.6倍、深圳的4倍，市值为上海的5.1倍、深圳的2.4倍，广州在金融业方面尚不足以比肩其他三大城市。

与深圳、上海相比（图5-6），广州在房地产业的企业数量与比例上明显较高，说明广州房地产办公企业发展较其他地区成熟。此外，租赁和商业服务业也略高于上海，而低于深圳；信息与计算机也低于深圳而略高于上海，金融业则低于其他两座城市。深

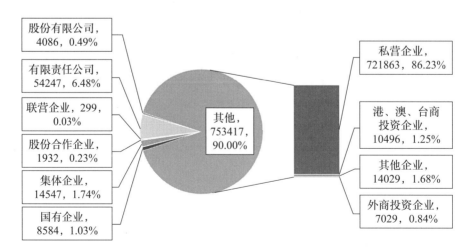

图 5-5　内资办公企业数量分析

来源：广州市统计年鉴（2021年）。

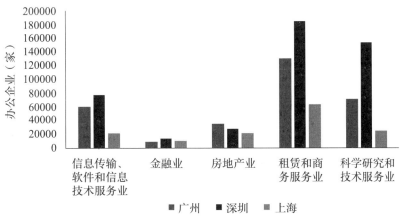

图 5-6　广州、深圳、上海办公企业比较分析

来源：广州、深圳、上海统计年鉴（2021年）。

圳的信息传输、软件和信息技术服务业，租赁和商业服务水平最高，上海则是金融业名列前茅。可见广州的办公活动还主要是以服务第二产业为主，租赁和商务服务业、房地产业较为发达，金融与科学研发均要向上海、深圳学习。从企业性质（表5-2）来看，生产性服务业企业以私营企业为主，为721863家，占86.23%；其次是有限责任公司，为54247家，占总数的6.48%，再次是集体企业14547家，占1.74%；国有企业有8584家，占总数的1.03%，联营企业数量最少为299家。

2021 年生产性服务业企业数量一览表　　　　　　　表 5-2

项目	总计	内资企业总数	内资企业								港、澳、台商投资企业	外商投资企业
			国有企业	集体企业	股份合作企业	联营企业	有限责任公司	股份有限公司	私营企业	其他企业		
信息传输、软件和信息技术服务业	63873	62858	98	10	19	1	5497	412	56653	168	718	297
金融业	5647	5117	95	3	5	2	1005	210	3751	46	403	127
房地产业	34488	33199	371	1896	73	37	4607	179	25946	90	918	371
租赁和商务服务业	137738	134182	582	10814	122	34	10415	660	110510	1045	2393	1163
科学研究和技术服务业	73165	72053	634	96	52	13	5739	477	64581	461	671	441
以上合计	314911	307409	1780	12819	271	87	27263	1938	261441	1810	5103	2399
企业总计	837112	819587	8584	14547	1932	299	54247	4086	721863	14029	10496	7029

来源：广州统计年鉴（2021年）。

与深圳、上海办公企业的组成结构对比来看，广州的房地产企业数量较深圳、上海多，房地产发展时间长，市场化充分，企业竞争力强。广州的租赁与商务服务比深圳低，但高于上海，显示出强劲的竞争力。信息软件业广州和深圳相差不多，但是科技含量高的科研技术服务业明显低于深圳。由于国家只设置上海、深圳两家交易所，导致上海和深圳的金融机构远多于广州，是可以理解的。但是深圳在高校数量、质量远不及广州的劣势下，通过大力建设各类研发基地，聘请高校科研机构落户深圳，大力推动科技资金资助等方式使得落户深圳的研发与技术机构多于广州。以规划行业来说，深圳本地甲级规划资质的机构就有七家，而广州除去因作为广东省省会的原因有广东省城乡规划设计研究院有限责任公司以及广东省建科建筑设计院有限公司之外，只有两家甲级规划院，可见广州与深圳的研发办公实力的差距，这也是值得广州深思的地方。

2．企业发展迅速

广州市商务办公企业的数量在2017～2021年，总体持续增长（图5-7），金融业则有相对稳定的趋势；其他产业企业数量有约2%的平均年增长率。从企业的注册金额来看（图5-8），除了由于金融危机的爆发，金融业的注册资金出现下滑外，其余都有一定的增长。增长最快的首先是租赁和商务服务业，2017～2018年增长了75%，呈现爆发性增长；其次是房地产业，以年均9%的增长水平逐步增长；科学研究和技术服务业则多年来保持恒定，维持在60亿元与40亿元人民币注册资金水平。

由图5-8可以看出，广州的信息传输、计算机服务与软件业的企业数量与注册资金都维持稳定状态。这与我国的知识产权保护力度不足、信息与计算机产业进入平稳发展阶段的行业背景有关。因此，随着我国加大对信息产业的深挖掘以及对软件业的政策扶持，这一领域的企业空间应该有所发展。

科学研究和技术服务业以及信息传输、软件和信息技术服务业也保持稳定发展状态，这也是与以往中国依靠劳动力丰富、以成本与资源来换取经济增长的模式有关。随

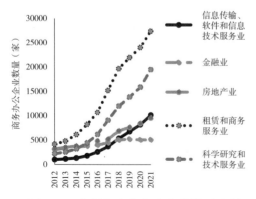

图 5-7　广州市商务办公企业数量分析
来源：广州市统计年鉴（2012～2021年）。

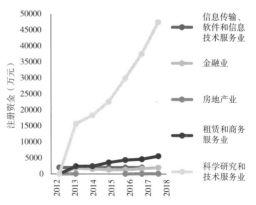

图 5-8　广州市商务办公企业注册资金
变化分析（单位：万元）
来源：广州市统计年鉴（2012～2021年）。

着东南亚、南美等国家和地区的发展，以及国内劳动力成本的提高，原有的价格优势已经逐步丧失。只有逐步转变增长方式，促进知识创新能力的提高，这部分的商务办公空间才能得到较大发展。

房地产业发展了近10年，广州住房均价早已越过万元大关，老城区已达到1.5万元/m²，高房价与70年产权形成鲜明对比。国家也有意控制房价过快上扬，因此虽然有增长的空间，但已属于高位。

金融业企业在广州已经算较为密集，虽然只有深圳的二分之一、上海的四分之三，但广州在没有国家金融政策的支持下，依然汇聚了众多企业，这说明广州的经济、金融中心地位是得到国内外企业看重的，随着国家逐步放宽对金融的管控，广州金融业需要的商务办公空间应该还有较大发展。

租赁和商务服务业是生产性服务业的主要产业，近些年数量剧增且总资产额猛增，说明企业成长迅速，规模逐步扩大。由于广州工业基础雄厚，随着工业信息化的深入发展，传统工业对电子化、信息化、智能化服务的需求增加，这部分企业的商务办公空间应该也有较大发展空间。

5.3.2　广州市商务办公建筑开发者：房地产企业规模化发展

广州市商务办公建筑的开发离不开房地产企业的发展，房地产企业从中小企业到大企业的发展，对广州市商务办公建筑业的发展有着重要意义。

广州房地产起步于1979年香港投资的旧城改造项目——东湖新村建设，作为解决华侨居住问题的外销房的建设和销售拉开了中国房地产改革之路。广州从1984年正式开始土地有偿使用，1988年国企首先进入房地产开发。1990～1992年，环市东路商务区的世贸大厦与广东国际大厦，引进港台的销售理念，得到极大成功，进而带动周边商业与居住建筑的售价上升。1997年后停止行政划拨，开始公开招标投标出让土地，土地开发以统一规划、统一开发、统一拍卖的方式开启了广州房地产企业的发展之路。

广州房地产业的发展经历了从政府主导到市场主导、从以外资企业为主到以内资企业为主的转变。1995年广州办公楼房地产开发投资35.18亿元人民币，其中投资主体是港、澳、台商投资企业，居第一位（57%），内资企业投资居第二位（39%），其中国有经济企业占35%，有限责任公司占3%，股份有限公司占0.3%；到2021年，办公楼房地产开发投资3626.4398亿元人民币，内资企业投资（3269.8072亿元人民币）占到约90%。其中国有企业占10.1%，有限责任公司占59.9%，股份有限公司占1.7%，私营企业占28.2%。港、澳、台商投资企业占6.5%。2010年30强企业中，国有、集体等公有制控股的企业有6家，包括广州市城市建设开发集团有限公司、广州保利房地产开发公司等，外资企业11家，其余13家均属个人控股或私营企业。相对于2000年排序，公有制企业的数量进一步减少，个人控股、私营企业的数量继续有所增加。2001年后企业除在2004年有所减少外，基本保持稳定发展，企业性质也向个人控股、私营企业发展，但速度有所减缓。目前，广州市房地产企业主要以市场竞争为主，这也导致了商务办公建筑的分布体现出市场的明显特征。

从企业规模来说，2015年底，广州市房地产开发企业约1367家，每家房地产开发企业平均房地产投资额为15637万元，平均商品房施工面积为20000m²，平均竣工面积为4700m²，平均销售面积仅为2500m²。企业规模小、开发项目零散。到2021年，广州市房地产开发企业1397家，规模与几年前相比相差不大，但投资额是2017年的1.3倍，企业平均投资额度达到25959万元（表5-3）。

广州市房地产开发企业信息统计　　　　　　　表 5-3

年份（年）	2015	2016	2017	2018	2019	2020	2021
开发公司个数(家)	1367	1345	1306	1281	1306	1357	1397
从业人数（人）	13355	13882	15809	30396	31171	33175	34488
平均企业人数(个)	10	11	13	24	24	25	25
开发投资总额（万元）	21375891	25408549	27028935	27019323	31022573	32939465	36264398
平均投资额（万元/家）	15637	18891	20696	21092	23754	24274	25959

来源：广州市统计年鉴（2015～2021年）。

从企业发展来说，2001年前广州房地产企业更替快速，两极化发展加剧；2001年后企业发展、规模较为稳定，综合实力不断提高。1995年房地产综合实力30强企业到2001年仅有4家，2001～2010年30强企业还保留有20家，相对于2001年以前企业进入稳定发展阶段。2001年前30强企业不足全市房地产开发企业的3%，但投资规模几乎占据了广州房地产业的三分之一。1999～2000年度房地产30强企业完成房地产开发投资达174.6亿元，占全市房地产投资的26.8%；商品房施工面积1258.84万平方米，占17.17%；销售面积433.71万平方米，占27.8%，销售收入165.50亿元，占31.8%；完成利税42.07亿元，占全市比重的63.42%（以上指标都是两年合计数）。2021年广州市房地产开发业完成投资3626.44亿元，比上年增长10.1%。商品住宅开发投资2538.80亿元，增长17.8%。其中，90m²及以下住宅完成投资782.80亿元，增长29.5%；90～144m²住宅完成投资1480.89亿元，增长13.7%；144m²以上住宅完成投资275.11亿元，增长10.8%。办公楼完成投资342.80亿元，下降15.5%；商业营业用房完成投资248.49亿元，增长5.6%。通过分析2021年广州房地产企业销售业绩前20公司数据，从全口径销售金额来看，有15家超过百亿，比2020年增加3家。而全口径销售金额前20的门槛值为71.7亿元，比去年有所提升。

5.4　小结

广州商务办公空间的发展首先是与广州在华南地区的交通枢纽与地理位置紧密联系的，在频繁的对外文化交流与商业交流的作用下，广州成为国内最早的第三产业超过50%的城市之一，这也造成广州的第三产业也是以商业及物流（交通运输、仓储和邮政业、批发和零售业、租赁和商务服务业）为主，2021年生产性服务业中租赁和商务服务业企业数量比重占到44%，而产业附加值高、技术含量高的金融业、信息传输、软件和信息技术服务业、科学研究和技术服务业总和才占25%。这说明广州市办公业处在以商贸服务为中心，科技与服务力量薄弱的初级发展阶段。

生产性服务企业数量较多，占到第三产业总数的39%，占所有产业总数的31%，但是多以中小企业为主。由于办公成本主要为人力支出，相对来说付租能力强，所以造成写字楼一般占据城市交通便捷、繁华的地段。

从2021年生产性服务业企业性质来看，主要以内资企业为主，港、澳、台商投资企业及外资投资企业合计仅占2.09%；国内企业数量上以私营企业为主，占总数的86.23%。世界500强企业2008年在北京有293家代表处、研发中心，占58%，在上海有180家，占36%；在深圳有98家；而在广州只有34家。可见办公建筑以国内企业需求为主，高端需求不旺盛，这也是导致广州的甲级写字楼面积仅有664万平方米，与上海的1457万平方米、北京1037万平方米相比，明显偏小。

从企业增长来看，增长最快的首先是租赁和商务服务业，其次是房地产业，科学研究和技术服务业相对稳定。广州金融业在没有国家政策的支持下，依然汇聚了众多企业，存在较大发展潜力。

房地产企业数量是广州超过深圳与上海的两个指标之一，细化研究可以发现，这首先是由于广州房地产起步远早于其他地区，而且以市场竞争的民营企业为主，国有企业数量仅占1.03%；而有限责任公司、股份有限公司与私营企业数量占93.20%；此外，股份有限公司与私营房地产企业呈现出强劲的生命力，发展迅速，已经成为房地产开发的主要组成部分。这一方面说明房地产市场竞争良好，另一方面也说明办公楼的布局与市场紧密联系的根源在于开发企业的主导性质是以营利为主的民营企业。所以城市规划必须考虑市场要素，否则难以推进商务办公建筑规划的实施。

从办公楼内、外资投资的角度来说，初期广州开发以外资为主，投资金额占到57%，内资企业投资占39%（1995年数据）；到2007年这个比例发生了倒转，内资企业投资占到63%，港、澳、台商投资企业占到29%，而且多为合资型商务酒店与高档写字楼的投资。但外资企业投资依旧占据高端写字楼市场的主体地位，因此外资依然是不可忽视的商务办公建筑布局的重要影响力量。

在传统文化与商业氛围的影响下，广州无论是经济总量、第三产业结构还是企业数量，都存在着重商贸、轻科技研发的态势，这也制约着商务办公空间在今后的深入发展。应该在现有基础上将产业转型与文化转型一起推进，才能实现广州商务办公空间的大发展。经济产业的发展、企业空间需求的提高、开发企业的规模化成长，为商务办公建筑的发展与布局提供了良好的推动力。

第6章　　广州市商务办公建筑空间布局模式与动因

本章主要通过对广州市商务办公建筑空间布局的历史演变与城市结构的动态关系、市场价值、规划用地进行对比分析，揭示商务办公建筑空间布局的演变、结构、市场价值与城市规划管理特征及内在机制。

6.1　广州市商务办公建筑布局"外溢—填充—多核化"演变历程

广州市气候四季宜人，建城至今已经有2200多年的历史。作为岭南地区的政治、经济、文化中心和重要的港口城市，在中国经济中扮演着重要的角色。广州商务办公空间发展较早，在19世纪60年代就具有一定规模；改革开放后，广州商业商务活动发展迅速，是除北京外第一个进入第三产业占比超过50%的城市。纵观商务办公空间的历史演变，无不与经济水平、国家政策、城市土地供应紧密相关，广州市商务办公空间经历几起几伏，大致可以分为四个阶段。

6.1.1　初步阶段：点状布局（1978年以前）

1978年改革开放前，商务办公空间属于初步发展阶段，规模小、数量少，因此统归为初步阶段。自清末洋务运动开始至民国时期，广州才逐步出现洋行、金融、贸易等现代商务服务业，经历了商务办公空间聚集发展的初步发展阶段。后来又经历了新中国成立后由"消费型城市向生产型城市转变"的萎缩时期。

新中国成立前，广州市是一座以商贸为主的城市，基础工业十分薄弱，但商业较为发达。清朝政府采取闭关锁国的政策，外商洋行受到严格限制，如外商与中国官府交涉，必须由十三行[1]作中介代办手续等，使得十三行成为对外贸易的垄断机构。十三行在珠江边的十三行路聚集，带动了商务活动的集聚。1937年爱群大厦（15层）落成确立了城市商务中心的形成。1861年，英法列强"租借"了沙面后，英国、法国、日本、美国、荷兰、比利时、意大利，澳大利亚等国的商业、金融、保险机构除在中国香港设立外，都在沙面设有代理商，使得广州商务中心不断沿珠江沿岸延展，从沙面至长堤约

1　十三行是清代专做对外贸易的牙行，是清政府指定专营对外贸易的垄断机构。

3.5km。办公建筑由于经济及技术水平多以2或3层混凝土建筑为主，建筑建设强度低，除了沙面聚集成区，其余都是沿街呈带状分布，进深5~20m。

早期的商务办公建筑主要体现以下特征：一是毗邻口岸和商业中心区；二是依赖水运交通；三是沿珠江北岸一线分布；四是除少数著名楼宇外，多为5层以下的洋楼；五是自建自用，密度不高，空置率低。

1928年，广州市城市设计委员会成立，1932年公布了广州市第一个由政府组织的城市总体规划方案——《广州市城市设计概要草案》，就已经确立了以东端的黄埔港作为发展重点，拉动城市用地向东扩展的空间发展格局，但是城市用地的扩展受政府控制的影响并不明显。外贸活动拉动了城市向珠江沿岸扩展，因此，此时广州的城市空间扩展基本上可以视作一种自下而上的过程。

新中国成立初期，1949年中共七届二中全会提出，"只有将城市中的生产恢复起来和发展起来，将消费型城市变成生产型城市，人民政权才能巩固"。中共广州市第四次代表大会确立"在相当长的时期内，逐步使广州由消费型城市基本上改变为社会主义的生产城市"的城市建设目标。在此目标下，广州传统的商业、服务业、金融业开始萎缩。但考虑到国际政治、经济局势，国家的工业布局重点及主要资金投放在东北及内地城市。广州由于地处沿海边界，为国防前沿，靠近实行资本主义的中国香港和中国澳门，不是国家投资重点建设的地区，因此工业以轻工业为主。从1949年到1978年，广州共编制了13个规划方案，称为"广州城市总体规划方案"，总体说来，城市中心仍保持在老城区不变；虽然各项目的用地规模有较大变动，但城市整体用地向东拓展保持不变。广州市城市建设"一五计划"的重点是以海珠广场、流花湖为中心（图6-1）。这个阶段国家经济困难，在"适用、经济和在可能的条件下注意美观"的原则下兴建

了华侨大厦（1957年，8层高，海珠广场旁）、中苏友好大厦（1955年，2层高，流花湖畔，第一、二届中国出口商品交易会在此举办）[1]，这是当时的商务标志性建筑，也是城市重点建筑，并且修复了12层的南方大厦（原大新公司）。"二五计划"（1959~1964年）的重点还是以海珠广场、流花湖为中心。1958年在海珠广场东侧兴建了一座4层的陈列馆，交易会由中苏友好大厦移到此处举行；第二年广场北面10层高的陈列馆竣工；1960年新建园林式展览馆——谊园，海珠广场成为广州对外贸易的中心和文化娱乐中心，又以流花湖为中

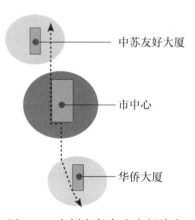

图6-1　广州商务办公空间演变

中苏友好大厦

市中心

华侨大厦

1　广州毗邻港、澳地区，依赖海外华侨的历史渊源，从1955年起每年春秋举办两届"中国出口商品交易会"（简称广交会），它为广州与国外经济联系提供了有利的条件，仅第一年的交易量就占全国总交易量的20%。

心兴建了广州医学院、广东广播电视大学、羊城宾馆等大型建筑，使这一地区成为广州的新繁华区。

1965～1977年这一时期，城市中心区的建设仍然集中在海珠广场、流花湖地区，环市东路地区也开始建设。海珠广场是广州市旧城中轴线与珠江的交会点。1968年海珠广场建成新中国成立后广州的第一座27层的高层宾馆，高86.7m，成为当时全国之冠。1970年广东省汽车客运站建成投入使用之后，随着流花宾馆、电报和电话大厦、邮政大楼、民航售票大楼等大型公共建筑相继建成，1974年交易会从海珠广场迁至流花湖畔的中国出口商品交易会展览馆（原中苏友好大厦）举行，该地区成为广州对外交通枢纽和对外贸易中心。1976年在环市东路北面新建33层的白云宾馆，超过广州宾馆成为全国最高建筑，至此拉开了环市东路商务区的建设序幕。

在社会主义计划经济体制下，用地属于国家计划统筹，各大中型企业争相在老城区用地上建设单位大院，内部除了生产工作设施之外，生活设施如学校、托儿所等一应俱全，形成条块分割的局面。20世纪60年代城市建设提倡"见缝插针"和"填空补缺"，造成用地紧张与混乱；到70年代初，全国上下全面倡导单位自建宿舍，更进一步导致城内用地紧张，促使新兴的办公区不得不在外围发展。

6.1.2　外溢阶段：点线结合布局（1978～1992年）

1978年，我国正式提出实行改革开放的政策，这一阶段是改革的起步阶段，注重以"放"为主，着重开放价格、放权让利、放开经营、对外开放。1981年中共广州市第十四次代表大会召开，突破了早期偏重工业、建设"生产型城市"的概念，提出"把广州市建设成为全省和华南地区的经济中心，成为一个繁荣、文明、安定、优美的社会主义现代化城市"的建设方针。由此，过去的"重生产轻流通，重建设轻服务"的指导思想得到根本的转变，从而也使得广州市经济机制发生了重大转变。1979年，首家"三资"企业在广州开办。1984年，广州被国务院列为全国沿海开放城市、计划单列城市和经济体制综合改革试点城市。到了20世纪80年代中期，广州市积极引进港、澳资金，不断发展金融、商业、贸易、旅游服务和交通运输等第三产业和外向型产业，商务办公空间急剧发展。白天鹅酒店（1984年，28层）、中国大酒店（1984年，18层）、花园酒店（1985年，30层107m）三家五星级酒店的兴起，成为广州对外开放的"样板工程"。1984年广州开始征收土地使用资金，地价成为调整城市布局的经济杠杆。

城市产业结构开始多元化发展，第三产业逐步在老城区中发展起来，而工业由于与居住混杂造成多种不便以及效率低下，逐步向边缘区域转移。老城区率先实现了产业结构的升级，第三产业迅速发展，尤其是服务、餐饮、电信等行业比其他沿海城市先行一步，1982年占到GDP的52%，从业人数占51%。其主要原因是老城区的商业有着悠久的历史和雄厚的经济基础，容易带动第三产业的发展。

1984年国务院批复了广州市总体规划之后，城市规划以法律的形式被确认下来，具有极大权威，任何大机关和个体都毫无例外地必须服从城市总体规划，至此城市规划的作用逐步加强（徐晓梅，2006）。但此轮规划并没有意识到商务办公的需求会快速增长，城市中心规划依然以商业服务为主。这时广州市的工业大多集中在旧城区，旧城区内的工业户数占56%，产值占53%；码头、仓库、站场设施也大多集中在旧城区，如铁路货物量在旧城区占67%。据全国八大城市的统计，广州市人均道路面积仅1.21㎡，居倒数第一（方仁林，1985）。总体规划提出逐步对内部分散的工业进行改造，对影响居民健康的工厂逐步外迁，从而产生了空余的城市用地，为商务办公空间的发展创造了有利条件。

继1976的白云宾馆之后，1978年在白云宾馆东侧建成友谊宾馆，1980年建成广东广播电视大楼（33层），1985年五星级的花园酒店建成（33层），设中西餐厅、国际会议中心，以及其他完善的各类酒店套房、公寓及写字楼等服务设施，周边的广东国际大厦（1986年，63层，高200m）、远洋宾馆（1986年）、文化假日酒店（1988年）、广东国际大酒店（1992年）也相继建成，广州老城区内集中了大量的酒店，以及外资企业办公机构、金融和服务机构，成为继海珠广场、流花湖建成后广州市商务中心的热点集聚地。

20世纪80年代后期，在逐步实行土地有偿使用制度的刺激下，天河区城市建设迅速开展。1987年天河体育中心建成，并举办了第六届全国运动会，由此围绕着天河体育中心的周边区域，商务办公空间形成紧凑式发展。1988年广州东站正式运营，由此拉开天河北商务区的建设序幕。原广州市总体规划定位天河区为科技文教区，以文教、体育、科研单位为主，但最终成为商业商务为主、文教科研为辅的新城区。从天河体育中心规划与最终建设比较可以看出，城市土地的使用目的改变，最后还是以市场需求为主，这也暴露出无论是城市总体规划还是近期规划，只是面对当时的城市经济需求，缺乏对未来城市经济发展的远见。

随之，广州经济技术开发区的建设也逐步展开，开始了黄埔新港的建设。在大力发展工业、港口、贸易的政策下，黄埔地区发展迅速。加上外资大量流入，逐步使黄埔地区的经济技术开发形成以新型轻加工工业和外向型加工为主的产业类型，黄埔东路也逐步形成居住和零散工业区。但商务办公建筑很少。

20世纪80年代推行土地有偿使用后，广州从原有大院制封闭的状态中解放出来，纷纷打破围墙，将内部的生活服务设施对外开放。并随着城市规划的实施，中山三路至中山七路、一德路、高第街等28条街道两侧的商店恢复为传统的沿街底层商店。沿街商业大量出现，促进了沿街公共用地的建设，商务办公也初步出现沿街的"线"状发展态势。在那10年期间，广州兴建的高层宾馆、商店、商务写字楼与综合楼合计约214栋（温剑峰，2007）。建筑高度高，建设强度大，主要围绕海珠广场、流花湖与环市东路这三个地区建设。商务办公空间也开始出现聚集点状、线状沿街扩散的态势。那时外围天河北地区刚开始建设，经济技术开发区、海珠区还很少有商务办公活动，商务空间聚集度较低。

6.1.3　发展与填充阶段：线面结合布局（1992～2002年）

20世纪90年代以来，随着国家经济政策的进一步改革、开放，广州的经济也得到了更迅速的发展。

1990年广州城市建设用地面积为216.58km^2。其中，越秀区、东山区和荔湾区这三个老城区面积仅占广州市总面积的1%左右，却集中了全市10.79%的城市建设用地面积。同时，周边的天河区、白云区、海珠区和芳村区靠近老城区部分街道的城市建设用地比例也很高，呈明显的面状集聚形态。

1992年以前，广州的主要商务活动都集中在高级酒店内，那时的高级酒店大多包含客房、会议、写字楼以及公寓等功能，并提供全天候、一站式服务，如中国大酒店、花园大酒店等，因此广受欢迎。1995～1997年，外资的增加是当时推动写字楼市场的主要动力，以往的办事处升级到分公司，仅有的几栋甲级写字楼根本满足不了市场的需求。1995年，美国银行中心预售价约为人民币1.8万～2.3万元/m^2，广东国际大厦的租金按实用约为人民币300元/（m^2·月）；1996年，中信广场、大都会预售价为2.5万～3万元/m^2，宜安广场、东山广场等都在1.5万元/m^{2}以上。高额的房地产开发回报，激起广州办公建筑第一次全面的建设热潮。

天河北中央商务区凭借与香港有着良好的交通通达性和完善的基础设施快速成长，在这个地带集中了中信广场、中国市长大厦、时代广场等标志性建筑，其中以中信广场最为典型。中信广场40%进驻企业为外国企业，并进一步成为外国官方机构的集中地，包括新加坡、瑞典、比利时、芬兰、马来西亚的领事馆，此外，有超过20家其他官方机构入驻。随着天河北地区的建筑逐渐饱和，办公建筑沿天河路、龙口西路带形延伸，在天河路两侧有广晟大厦、天河城塔楼、正佳广场塔楼等甲级写字楼。然而，带状聚集过强，市政设施却配套不足，天河北和天河路的路网密度仅为3.7km/km^2，东西向过境交通量大、红绿灯多造成交通逐渐拥挤，天河北地区建设强度与市政交通不匹配，过度聚集问题凸显。

1997年亚洲金融危机席卷泰国及我国香港地区，香港房地产泡沫破裂，导致楼价大跌，进一步影响到广州。加之国内兴起经济宏观调控，导致写字楼需求突然萎缩，致使"烂尾楼"大量出现，2000年达到125宗，合计900多万平方米（广州国土房管局数据），广州办公建筑建设进入两年的停滞期。"烂尾楼"直到2004年也只有半数盘活。

1993年，广州市政府出台了《珠江新城控制性规划》，将珠江新城推到商务办公空间建设的顶峰，目标是把珠江新城建设成为未来城市的CBD，规划用地6.19km^2，规划建筑面积1300多万平方米，其中商务办公面积655.10万平方米，提供30万个就业岗位。

但是由于各地区批出的商务用地过多，旧城区的商务空间吸引力并没有减少，加之金融风暴后整体需求减少，导致珠江新城发展速度缓慢（袁奇峰，2003）。

2002年建成的琶洲会展中心不断发展，首期占地43万平方米，建筑面积39.5万平方米，随着二、三期建设，规模不断扩大，成为当时亚洲最大、全球第二的会展中心。广交会的年成交额占中国贸易出口总额的四分之一强，随着中国出口的不断增长，琶洲会展也逐渐显示出强劲的增长势头。

这十多年间，办公建筑依然以高层建筑为主，并出现甲级写字楼继续集聚在环市东路、天河北路周边。珠江新城与琶洲也在城市规划的主导下开始了聚集，呈现面状聚集形态。乙级及以下写字楼、综合写字楼则沿东风东路、黄花岗、五羊新城、黄埔大道、五山路、体育西路、广州大道南不断呈线状扩散。

6.1.4 走向多核化阶段：点—线—面式布局（2002 年至今）

党的十六大以来，广州抓住机遇促进产业结构的转型，构建以现代服务业为主导的现代产业体系，发展会展、金融、保险、现代物流等高端服务业，促使经济增长由"量"的扩展转向"质"的提高。在第100届广交会上，将"中国出口商品交易会"更名为"中国进出口商品交易会"，进一步调整对外贸易的结构，加强对外国来华投资的引导，将广州从单纯出口贸易平台转化为进出口双向平台，增强贸易、物流的国际竞争水平。在城市格局中，实施广州市城市发展"南拓、北优、东进、西联、中调"的战略，拓宽城市发展的格局，从而使得广州市商务空间扩散趋势加强。

2002年，随着经济回暖，写字楼的需求开始回升。2002年以来，广州写字楼的年均施工量均保持在300万平方米以上（唐晓莲，2006），由图6-2所示成交面积来看，2002～2009年成交面积不断增加，到2007年达到78.91万平方米的顶峰。美国次贷危机从2006年开始，2008年底正式爆发，全球经济都受到冲击。2007年后在国家宏观调控、

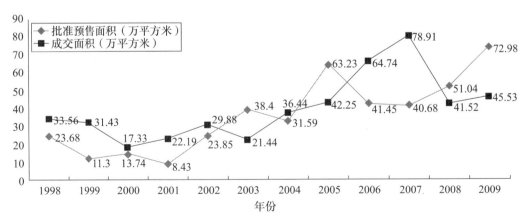

图6-2　1998～2009 年全市商务办公楼预售、成交资料

来源：广州市统计年鉴。

经济放缓的双重背景下，写字楼成交量迅速降低，但总体空置率也在降低。

2002年通过《对珠江新城规划的检讨》，对原规划进行了一定的修改，包括降低容积率，改变中心绿地形态并增加绿地，收回原来批出但没有建设的一些土地，把分块土地利用格局变为组团利用格局（袁奇峰，2003）。随着老城区办公用地逐步减少，珠江新城的写字楼也进入了快速发展阶段，建设了信合大厦、双城国际大厦、珠江投资大厦、华普大厦、富力盈隆广场、发展中心大厦、新汇国际、合景国际金融广场、广州国际金融中心等一批高档写字楼，写字楼不断地聚集发展，面状聚集形态日益明显。同时，天河区的写字楼继续向五山路、体育东路、天河路扩散，特别是随着万菱汇广场、太古汇、华晟大厦、富力科讯大厦相继建成，天河区的写字楼也逐步走向扩散，形成多条线状联系形态。

东山区（现属越秀区）的写字楼也开始向农林下路、东风路等扩散。东风路前后建设有广东港澳中心、广发大厦、健力宝大厦、越秀城市广场、新裕数码港、紫园商务大厦等一批中高档写字楼。海珠区的广州大道南汇集了经典居、华美商务中心、会展时代、财智大厦、浩蕴商务大厦等写字楼，江南大道、昌岗路的写字楼有万国广场、达镖国际中心、富盈国际大厦。

早期的"烂尾楼"主要分布在东风路、天河路等城市主要道路两侧，甚至连核心地区也有"烂尾楼"，如花园酒店旁的大鹏国际广场、天河北路中信广场旁的中诚广场、江南大道的海珠城广场。广州市在册的"烂尾"地块达141宗，在册的"烂尾"楼盘有57宗，涉及临迁户16165户，人数49062人。2010年广州市国土资源和房屋管理局最新公布的数据显示，目前在册的"烂尾"项目中的120宗已得到解决，"烂尾"楼盘也已解决了53个。这意味着亚运会前期，约有九成"烂尾楼"得以复活。

2010年11月通过了白鹅潭地区控制性详细规划，将白鹅潭定位为广、佛共享的商务、购物、文化核心区，珠三角西部区域生产性服务中心，创新、高附加值产业中心，岭南特色与水秀花香的生态宜居示范区。白鹅潭原来定位为与广州珠江新城并列的CBD区域，广州双中心之一，可与上海浦东看齐，但由于专家意见不一致，后忽略了这一争议。但从用地上来看，规划用地总面积为$35.11km^2$，商业金融用地建筑面积达980平方米，而珠江新城总建筑面积才约240万平方米。此外，南沙广州新城在亚运会的推动下，发展迅速，覆盖约$200km^2$的用地，发展潜力巨大。可见，广州今后商务办公空间的扩散格局将逐步拉大，商务办公建筑布局重心也出现移动，在广州市内缘区以内形成线面发展格局，随着外围地区的点状重点开发，整体形态呈现出星形扩散的局面。

2013年起广州国际金融城开始土地出让，用地面积为$8km^2$，甲级写字楼25栋，总建筑面积达240万平方米。到2020年国际金融城被纳入广州人工智能与数字经济实验区，与琶洲片区等同构建起"江两岸三片区"的空间格局。2022年广州国际金融城"十四五"产业发展规划正式提出金融城"两区一中心"的发展定位，即建设成为国际化综合金融中心以及数字经济融合创新引领区，建设成为产城融合的智慧城、生态城和理想城。除此之外，番禺万博商务区、广州南站商务区都得到快速建设，使广州市商务办公建筑的外溢发展加速。

6.1.5 小结："外溢—填充—多核化"的空间历史演变特征

从建筑的发展演变来看，广州市商务办公建筑空间布局经历了从点到线、从线到面，再到"点线面"结合的星形放射式逐步拓展的演变方式。在城市发展初期，商务办公建筑空间布局紧凑化主要是随着重要对外公共商业或交通服务设施的布局而发展的；在城市发展进入现代化发展阶段，商务办公空间重心随着新城区建设而不断转移，区位好、服务设施便利的新城区逐步形成新的增长极。由此可以看出，新城的城市规划对商务办公空间的聚集发展有较大的引导作用。但原有的发展区域，如外贸服务主要所在地的沙面、流花湖与花园酒店周边，由于服务功能完善，至今未有大的变化。因此，广州市商务办公建筑的聚集程度也是伴随着城市经济发展而逐步发展的，随着城市化扩张而向外拓展，由低强度、低聚集向高强度、高聚集，再到开始出现扩散的两极化发展，呈现出多格局、多层面的复杂局面。

1. 初期聚集性强

旧城区聚集较多公共设施，交通便利，因此成为商务办公空间初期聚集的地区（见图6-1）。首先是围绕中心区传统广州中轴线南北两端发展，"一五计划""二五计划"都是以海珠广场、流花湖为中心，至今加拿大、丹麦、新西兰三国的大使馆以及广交会场馆依然在流花湖地区。海珠广场由于没有重要的公共建筑继续兴建而逐步衰退成为区级商业餐饮节点。

1974年随着广州站的建成，同年广交会从海珠广场迁至流花湖畔的中国出口商品交易会展馆（原中苏友好大厦）举行，火车站一带成为辐射内陆的商品批发零售商业的中心、对外交通枢纽和对外贸易中心，新的办公中心沿着环市路向东发展。1976年在华侨新村旁边兴建了广州宾馆，带动了环市路的商务办公空间的发展。从1980年广州市地图中可以看出，这也是由于旧城区发展较为饱和，可供开发的地面只能向东、北两面发展。随着地价的不断提高，在租金等经济诱惑下，办公建筑也不断增高，造成旧城越建越密，聚集水平与交通、环境不匹配，步入越疏导、越密集的恶性循环。

2. 后期聚集范围扩大，出现扩散形态

体育东路周边由于举办第六届全国运动会，现代化的环境整洁漂亮，逐步成为广州的新标志，因此受到国内外企业的青睐。意大利、瑞典等国的领事馆选址于此，新进入的国外金融机构如美国花旗银行、友邦保险控股有限公司都位于此。商务办公建筑空间布局呈现出逐步拓展的趋势，老城区依然发展，但动力不足。天河新城区则发展迅速，潜力较大。越秀区与荔湾区内部商务办公建筑继续增加，随着旧城改造呈现出填充间隙

发展的态势。

进入20世纪90年代后，珠江新城逐步发展，成为商务办公空间的中心区域。白云新城、琶洲地区、白鹅潭地区也在这几年得到迅速发展，使得整个广州商务办公空间迅速拓展。

3．理论总结

广州市商务办公建筑的发展在一定程度上符合埃里克森动态模拟理论。埃里克森1983年提出城乡边缘区的形成分为三个阶段：外溢——专业化阶段、分散——多样化阶段、填充——多核化阶段。广州市商务办公建筑的发展从结构上符合这三步演化，也是随着城市化人口聚集、交通等基础设施改善逐步向城市外围边缘区拓展。区别在于外溢阶段并非蛙跳式在城市外围形成专业化生长点，而是在城市内部格局中的未建设用地上逐步拓展，拓展距离在每个阶段2～3km的半径内发展，拓展节奏与速度为8～10年一个台阶，珠江新城用了约20年时间才从开始建设走到基本建成，开发时间较长。同时，内部填充也伴随旧城改造，在交通设施周边或道路两旁发展，这样虽然使得写字楼有很好的交通与景观条件，但也带来缺乏交通缓冲、主要干道高峰时段交通拥堵的问题。

旧城区人口密集、交通拥堵，今后发展潜力不大。而广州的"南拓—东进"格局逐步建立，广州市商务办公建筑布局的多中心化格局势在必行。

6.2　空间布局与城市结构发展的关联

从城市宏观结构的角度来说，商务办公建筑布局与城市结构的发展是相互关联还是具有较强的滞后性？城市规划对城市格局发展有较大的推动作用，是否对商务办公建筑布局也有明显影响力？下面就来探讨这些关键性的问题。

6.2.1　广州市商务办公建筑空间分布的"三驾马车"格局

广州市现有商务办公建筑主要由写字楼以及部分带商务办公的酒店、住宅组成，本次研究截止至2021年3月5日共统计了1004栋（图6-3）。既包含甲、乙、丙级写字楼，也包含普通（没有划分级别）写字楼，还包含如花园酒店这类以商务为主的酒店式写字楼部分，以及办公功能较为突出的商住楼，如客村立交旁的财智大厦、珠江新城的富力盈尊广场，可以说涵盖较为全面。从2021年统计数据可以得出：广州市商务办公建筑的整体空间格局呈现

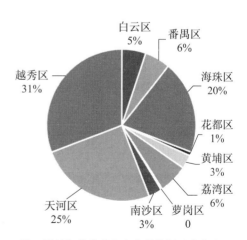

注：增城与从化商务办公楼数据无法获取

图6-3　广州市各行政区商务办公建筑占比（2021年）

来源：安居客等网站爬取自建数据库。

出三个层级：首先以越秀区、天河区与海珠区为第一个层级，其中以越秀区数量最多，占到30.78%，最少的海珠区也有20%，三个区合计占到总数的75.89%；第二层级的荔湾区、番禺区、白云区、黄埔区、南沙区五个区合计仅占总数的23.01%；第三层级的花都区与萝岗区仅占总数的1.2%。可见商务办公建筑主要聚集在广州市的中心城区核心地段，外围迅速减少。

此外，从广州市南北向（图6-4）与东西向（图6-5）商务办公建筑聚集剖面上可以看到，广州的商务办公空间已经开始发生转移，已经从原有的以越秀为主的"老城区"发展模式转变为集中在荔湾、天河、海珠区这"三驾马车"上。东西向、南北向聚集度略有差异，东西向剖面上聚集相对于南北向更加平缓，可见即时商务办公建筑集聚在广州市中心地段，但由于珠江水道东西走向的切割作用，还是出现珠江水道以北集聚密度更高、商务办公建筑占到全市总数的一半以上的情况。

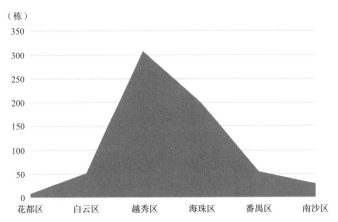

图 6-4　广州南北向商务办公建筑聚集剖面

来源：安居客等网站爬取自建数据库，笔者绘制。

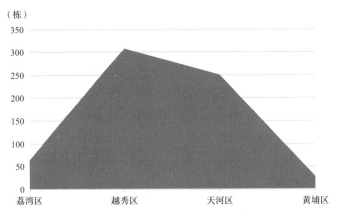

图 6-5　广州东西向商务办公建筑聚集剖面

来源：安居客等网站爬取自建数据库，笔者绘制。

6.2.2　广州市商务办公建筑的发展与城镇化的内在联系

城镇化、现代化是近代以来广州发展的主旋律。城镇化是社会发展的主旋律，主要是通过城市人口不断扩张和公众生活水平持续提高来实现。工业化是经济发展的主旋律，主要是通过产业结构转化和技术升级来实现。工业化是现代化的基础，城镇化的前提。城市化又是工业化的结果，并通过营造良好的环境进一步促进工业化发展。现代化则是工业化和城镇化发展质量不断提高的过程，它融合于工业化和城镇化的发展过程之中。

1．商务办公建筑年开发量与城镇化率关联度不大

广州市2014年城市户籍人口766万，城镇化率达到91%，可以说已经达到城镇化十分成熟的水平。但2015年、2016年非农业人口水平突然下降，城镇化率呈现出断崖式下跌，并一直稳定在80%左右。而且从2017年到2021年城镇化率都呈现稳定增长的态势，并未在之后的五年中发生突变。对比广州市写字楼的全市供应面积（图6-6），两者没有任何关联关系（斯皮尔曼相关系数为0.0005≈0），而且2015年与2016年开发量的大面积萎缩也是与1997年亚洲金融危机、2007年次贷危机等经济危机有着明显的关系，说明商务办公空间每年的开发量存在较大的波动性，很难与城镇化的发展水平、国内生产总值等稳定性的增长指标存在联系，说明非农业人口中的生产性服务业人口与整体没有必然联系，是非农业人口的内部关系决定的；也说明广州的写字楼建设已经由市场的供需关系主导，政府的行政控制没有明显的作用。

2．商务办公建筑开发量达到一定城镇化率后迅速增加

由图6-7可以看出，写字楼成交面积逐年上升并且伴有一定程度的波动，这与较为持续稳定的城镇化率有着一定的区别，是在广州城镇化率进入83%后才进入明显的增长

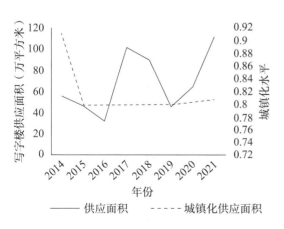

图 6-6　广州历年城镇化率与写字楼
供应面积统计

来源：广州市统计年鉴。

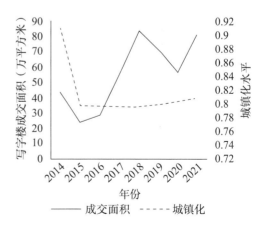

图 6-7　广州历年城镇化率与写字楼
成交面积统计

来源：广州市统计年鉴。

阶段。可以看出商务办公建筑的发展是城镇化达到一定水平后才迅猛发展，之后与城镇化率提高的关系并不是很明确，属于趋势相同、发展规律各有不同的表现。

6.2.3 广州城市结构的拓展对商务办公建筑布局的扩散作用分析

1．广州市城市总体规划与商务办公建筑空间布局关系

广州市总体规划对于广州市城市结构拓展的作用巨大，是指导城市发展的重要依据，对比广州市城市总体规划与商务办公建筑的布局发展，可以探讨总体规划与商务办公建筑空间布局的关系。

广州市总体规划在1984年以前经历了13轮修改，国务院1984年9月批复的《广州市城市总体规划（1989—2000年）》是在第13稿基础上完成的。该总体规划确定"控制大城市、积极建设小城市"的基本思路，确定城市发展方向是沿珠江北岸向东发展。从沙河镇向北沿白云山东麓，从三元里以北沿广花公路至江村，由槎头至石井、潭村沿线一带布置一些带形工业点。建设流花客运站，在天河机场北增设火车客货站。对比1990年、1995年与2000年广州商务办公建筑布局（图6-8）可以发现，这一期总体规划与商务办公建筑发展极为契合，商务办公建筑集中在老城区与天河区沿珠江以北、由西向东发展，海珠区西北部分的办公建筑也受到内环路和老城区的带动发展起来。

1994年之后，广州又开始新一轮总体规划修编，国务院于2005年通过了《广州市城市总体规划（2001—2010年）》，确立了广州在21世纪发展成为一个高效、繁荣、文明的国际性区域中心城市的目标。城市空间发展的基本策略为南拓、北优、东进、西联。

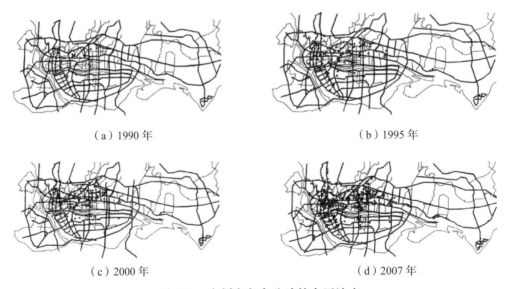

（a）1990 年   （b）1995 年

（c）2000 年   （d）2007 年

图 6-8 广州商务办公建筑布局演变

来源：温锋华. 改革开放以来广州商务办公空间结构演变及其机制研究［D］. 广州：中山大学，2008。

在城市结构上确定南部、东部为都会区发展的主要方向。"东进"也就是以广州珠江新城和天河中央商务区的建设拉动城市发展重心向东拓展，依托广州经济技术开发区和广州科学城，将旧城区的传统产业向"黄埔—新塘"一线集中迁移，重整东翼产业组团，利用港口条件，在东翼大组团形成密集的产业发展带。"南拓"就是向具有广阔发展空间的南部地区发展，把未来大量基于知识经济和信息社会发展的新兴产业、会展中心、生物岛、广州大学城、广州新城、南沙新区等布局在市区的南部地区，使之成为完善城市功能结构、强化区域中心城市地位的重要区域。

广州市在城市空间结构上，利用经济高速增长和快速城镇化的机遇，采取跨越式发展模式，调整城市空间结构，促使城市结构由单中心向多中心转换，完善城市功能，保护历史文化名城[1]。这一轮的总体规划对商务办公建筑的发展作用产生了分异，主要表现在对广州市内缘区以内与以外的影响明显不同。在广州市内缘区以内，随着广州珠江新城和天河中央商务区、会展中心、生物岛、广州大学城的建设，商务办公建筑随之建设，尤其在广州珠江新城和天河中央商务区、会展中心商业区、对外商贸地区聚集表现明显。但在以科技研发为主的广州经济技术开发区和广州科学城、生物岛、广州大学城的聚集数量表现得不明显。在广州市内缘区以外，总体规划的推动作用不明显，广州新城、南沙新区都是以居住相关建筑开发为主，广州市内缘区以及核心区的商务办公建筑占到广州市总数的96.7%，外围商务办公建筑仅不到30栋。可见城市总体规划对商务办公建筑布局的引导作用是有空间范围的，距离老城区越近作用越强，这也说明商务办公建筑与老城区关系密切。

2．广州各区开发面积比较

2000年番禺、花都两区并入广州后，广州努力发展广佛同城化：一方面在内部是从单极走向多极化发展，疏解中心组团压力；另一方面，在整个广东省层面，在未来中部城市的空间布局上发展开放式的"区域组合城市"，加强广州在区域中的地位与影响作用。城市结构的多元化发展按理会导致商务办公空间的多元扩散。

从2012~2022年的各区每年办公建筑施工面积与竣工面积来看，大部分建设开发量依旧集中在新城区的天河区以及老城区的越秀区。从施工面积和竣工面积上看，天河区仍然处于较高位置；从历年开发量来看，聚集势头有减弱迹象，但总体还保持着优势。由此可见，即使城市结构不断拓展，办公建筑的聚集性非常强，而扩散作用较弱（图6-9、图6-10）。

3．动力分析

克鲁格曼认为，在以非完全竞争市场结构为主的地区，企业转换选址会面临很多不确定因素，达到企业均衡主要取决于初始条件，并且产业聚集具有历史和路径的依赖，一旦

1　引自《广州市城市总体规划（2001—2010年）》。由于本书主要是对已有规划的实施回顾，因此未使用2011~2020年《广州市城市总体规划》。

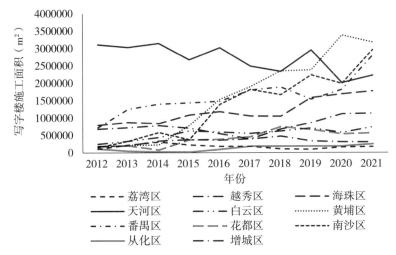

图 6-9　2012～2022 年各区写字楼施工面积统计

来源：广州市统计年鉴。

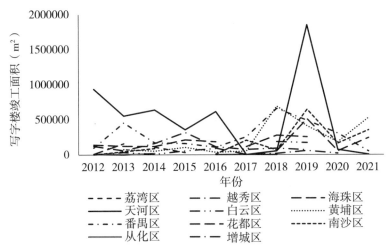

图 6-10　2012～2022 年各区写字楼竣工面积统计（经过合并）

来源：广州市统计年鉴。

集中起来，就会发生累积循环作用。广州市商务办公建筑就具有明显的非完全竞争市场下的累积效应。这种累积效应当处于环境未恶化、有利于企业收益递增时，呈现出累积正反馈，叠加正反馈促成进一步累积的良性循环，致使商务办公建筑的不断聚集，从而使在外部发展商务办公建筑的风险相对增加。而对于房地产开发企业而言，追求高效益、低风险的原则，迫使其不愿在城市外围开发，从而使外围商务办公建筑开发明显比旧城区少。

6.2.4　广州市商务办公建筑布局与中央商务区结构分离的趋势

广州市中央商务区是城市的核心区，包含商业与商务两大职能，阎小培（2000）以

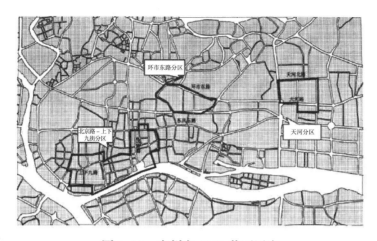

图 6-11　广州市 CBD 范围界定

来源：阎小培，周春山，冷勇，等. 广州CBD的功能特征与空间结构［J］. 地理学报，2000（7）：477.

墨菲—万斯指数计算，并经过实地调研，划分出三个地区："北京路—上下九街""环市路""天河分区"（图6-11）。广州的商务办公建筑按照甲级写字楼的数量与建筑面积、办公企业数量、就业人口、地价与形成时间，按聚类分析，可以获得商务办公空间的三级分层：一级，天河北办公区；二级，中山路、东风中路、环市路和珠江新城办公区；三级，五羊新城、江南大道、客村、天河科技园、沿江路、机场路、开发区和琶洲办公区。

由广州CBD与商务办公区的一、二级区的对比可以发现，天河北成为专业的商务办公场所，而传统的"北京路—上下九街"的办公空间仅仅是在中山路上聚集，大部分CBD区域内为主要的商业零售业，而环市路的CBD地区属于商业、商务混合地区，主要的商业办公建筑集中在环市路与东风中路。从"北京路—上下九街""环市路""天河分区"先后的发展顺序来看，广州市商务办公建筑与传统的商业区出现了分离，商务办公建筑逐步形成专业化的区域，"分离—专业化"成为广州市商务办公建筑分布演进的主要阶段。

中央商务区随着城市拓展形成专业化空间分离：商务办公建筑与传统中央商务区（上下九街、北京路）出现专业化分离的趋势，这是由于商务职能（办公业态为主）与商业职能（批发、零售业态）在使用者、消费者、消费服务类型等本质上存在不同。商务竞争激烈，导致商务办公建筑与CBD出现分离并且逐步形成专业化区域，这也是商务职能发展专业化分离的趋势（图6-11）。

6.3　广州市商务办公建筑布局与市场价值的关联紧密

6.3.1　广州市商务办公建筑布局与市场价值的宏观区域关联

办公楼的售价与租金分布一方面是办公建筑的开发量与需求量的表现（表6-1），

广州市各区办公楼售价分析表　　　　　　　表 6-1

价格（元/m²） 年 区	2011	2004	2000
荔湾区	33001	15769	7488
东山区（2005年前）	—	6079	6605
越秀区	25793	7426	11816
海珠区	22399	7428	4613
天河区	27586	8055	15298
白云区	22592	4437	5262
萝岗区（2014年后并入黄埔区）	12753	—	—
黄埔区	10086	无	14151
番禺区	18438	无	2141
南沙区（2005年前）	8539	—	—
花都区	5290	927	1128

来源：广州市统计年鉴（2000～2011年）。

另一方面也显示出办公建筑各区间的需求关系，后者的研究更能说明办公企业对地段的价值衡量，更能清晰地看到企业的需求。广州市办公楼的售价与租金分布也有一定的特征：在2000年左右，荔湾区、越秀区、天河区的新房售价最高（一直持续到2011年，如图6-12所示），上下两个等级地区价格相差悬殊，在2倍以上。到2003年、2004年开始进入稳定时期，最高售价区域增加了海珠区，白云区于2011年也进入了最高价位区间，不同等级地区价格相差略微缩小，相差在2倍左右，不再是两极化分布。到了2010年后，荔湾区、越秀区、天河区与海珠区之间售价已经相差无几，区域售价走向均质化，即使是番禺区也迅速接近2万元。虽然最高售价的地区在增多，但是地处偏远、交通不便的花都区、南沙区依然处于最后两位，位于最后一个组团。而黄埔区处于中间的价位区，三个价位区之间的差异进一步缩小，但不是很明显，在1万～1.8万元之间。

在对比中可以发现，番禺、花都两区与老城区之间的距离相近；两区道路交通设施也相近，但是番禺区的办公楼价与花都区相比，从2000年番禺是花都的不到2倍，发展到2010年的3倍左右。其中，特别是2006年底，番禺区的地铁3号线建成后，无论是住房售价还是办公建筑售价直追海珠区，发展迅猛，也逐步拉大与花都区的价格差。虽然花都区新建了白云机场，但主要发展空港物流工业，并且没有建成地铁与老城区连接，办公建筑的价格徘徊不前。可以看出，地铁的发展对疏散居住、间接引起办公建筑的疏散有着重要作用，而机场建设由于没有带动起与相关办公产业的发展从而没有促进办公建筑的发展。

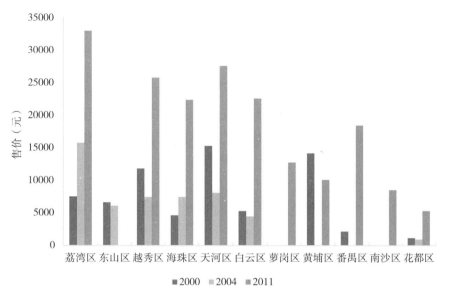

图 6-12　广州市各区办公楼售价分析

来源：广州市统计年鉴（2000、2004、2011年）。

6.3.2　广州市商务办公建筑布局与市场价值的微观街区分布关联

写字楼的售价也是写字楼市场需求的表现，价格越高，相同建造成本下，利润越高，开发商的开发欲望越强，使得建筑高强度建设的需求越高，因此，写字楼售价的分布是写字楼紧凑化建设的重要参数。

广州写字楼最贵的不是所熟悉的中信广场、广东国际大厦等标志性建筑，而是北京路附近的广百新翼大厦与名盛广场，其售价接近11万/m²，是位列第三的新誉大厦4万/m²售价的近3倍，此外，珠江新城也是写字楼售价的高峰区域，如富力盈信大厦、富力盈盛大厦、中信广场等。海珠区的中洲交易中心、白云区的万达广场等新区也成为售价的高峰区域。

按照聚类分析，可以发现写字楼售价分布的特征如下。

1．写字楼规模与售价随商业中心聚集而提高

通过对《广州市商业网点发展规划（2003—2012年）》所划定的大型购物中心、重点商业街、批发市场园区分析，发现写字楼规模通常随商业零售中心的聚集而提高，距离商业设施近的写字楼售价往往比周边的写字楼要高出1/5～1/3。如在海珠区广州轻纺市场旁建成的珠江国际纺织城售价2.4万元/m²，明显高于周边的达镖国际中心、广州合生国际广场的不到2万元/m²的售价，而且后者无论是地铁还是机动车的交通便利性都明显比前者要好。对比北京路与天河城附近写字楼也可以发现，由于北京路商业集中，写字楼聚集规模较周边地区大，且售价高于周边区域，广百新翼大厦、名盛广场及锦源国际总统一号等高级写字楼，都比周边的写字楼售价高出30%以上。

而天河岗顶周边的商业呈带形分布，周边缺乏写字楼，导致众多住宅被改造为写字楼使用。由此可见，城市写字楼的聚集规模与商业聚集的密切关系，高于对交通设施的依赖。

而批发市场周边，写字楼则主要集中在区域型的批发中心，如火车站旁的白马服装批发中心、芳村花地茶叶批发市场园区周边，商品主要面向南方地区乃至全国各地，这些区域型的批发中心附近的写字楼聚集数量也非常多，售价就比周边要高。而小型批发中心附近的写字楼售价明显比周边低，甚至没有写字楼，如海珠区广州大道南批发市场园区、白云太和批发市场园区等周边就没有写字楼，说明区域型批发中心批发等级低，需要的配套信息、物流服务少，因此不需要写字楼以及相对应的服务支撑。

2．专业化办公区市场售价高规模集中

专业化办公区主要集中在天河北与珠江新城这两个区域，该区域商业设施较少，以甲级写字楼为主，由于地段交通便利、环境优美，这些区域售价与租金都明显高于非专业办公聚集区，同时也带动周边的住宅售价高于广州市其他地区，形成广州市商品住宅与物业价值的制高点。

3．在新区仅少数写字楼售价较高，呈点状分布

远离市中心区域大多由于原有建筑建造水平低、配套不完善、环境较差，商务办公建筑售价普遍较低。新建商务办公区局部地段建设水平明显提升，商业、商务功能齐备，如白云区万达中心、海珠区中州中心、番禺区万博商务区，导致这些新建商务办公建筑售价比周边写字楼高20%～30%，总体呈现点状分布。

6.4　广州市商务办公建筑布局与办公用地分布的差异

6.4.1　广州商务办公用地的区域分布特征

广州市的土地供给是政府为主导的土地供给，因此商务办公用地的分布可以说明政府对市场的供给和引导。

从图6-13、图6-14可以看出，办公用地上的布局与建筑、就业、企业以及售价分布有着明显的不同，面积分布更为均匀，而且重心也明显不同。从各区办公用地总量来看，办公用地最多的是番禺区，占全市总办公用地的21%，其次是越秀区与白云区，分别是17%与16%，接着是天河区12%、花都区10%，余下的就是不到10%的五个区，其中荔湾区居倒数第二位，为3%。从土地供给上来看，番禺区对商务办公空间用地的支持力度最大，但实际商务办公建筑数量与开发强度排第六位，可以看到番禺区政府开发的决心，以及在荔湾区、越秀区、天河区等老城区土地日渐紧缺的情况下，番禺区商务办公空间今后发展的潜力。

从各区办公用地与总用地的比例来看，越秀区的办公用地所占比例最高（达到

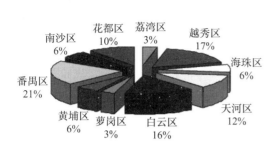

图 6-13　广州市办公用地面积分配

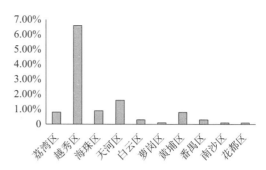

图 6-14　广州市办公用地占该区总面积比例

6.5%），远高于第二位的天河区，两者首位度[1]比值超过 4 倍，可见越秀区用地比例以商务办公为主（也可能因为是历史城区，农田绿地缺乏导致整体比例过高）。办公用地在广州区域内分布相对于建筑分布来说较为均衡，天河区、海珠区、黄埔区与荔湾区都在1%左右，其余五个区属于第三层级，在0.2%左右。从均衡的土地分布与商务办公建筑不均衡分布对比可以看出，土地供给相对于市场需求有较大差异，一方面说明出让土地的利用效率不高，另一方面土地市场控制与市场需求存在脱节的现象，政府需要改进相关的土地管理与出让方式。

6.4.2　广州商务办公用地规划存在的问题

广州市商务办公用地结构及比例与建筑开发、市场价值都存在明显的偏差，这说明：一方面政府对土地的供给与市场脱节，造成供需不统一，政府通过城市规划利用土地引导城市的发展力度过强，导致像番禺区土地供给先于产业结构的需求，过度供地，导致低效率开发；另一方面，各个地区各自为政，全市对商务办公建筑统一规划的控制较弱。越秀区作为老城区，道路密度低，开发强度大，已经明显出现城市过度拥挤的情况，但为了当地总部经济发展，继续大力提供办公用地，导致建筑与就业人口密度很高。旧城区不但没有形成有机疏散，反而加剧了上下班的钟摆交通，这也是管理制度与管理方法上存在问题的表现。

6.5　小结

本章分析研究了广州市商务办公建筑的空间布局与城市结构、城市规划、市场价值、用地分布的详细情况，探讨出其发展内在的规律与动力。

1　城市首位度由马克·杰斐逊（M. Jefferson）在1939年提出，也称城市首位律（Law of the Primate City），用来分析城市分布的均衡性，一般以不大于2为分布均匀的标准。此处借用来分析商务办公空间的区域分布不平衡程度。

1．聚集程度高，区域差异明显

就首位度来说，各分析的结论都可以明显地看出，第一位的数值常常是第二位数值的2倍以上，且一般第一位的只有一个。各区之间层级关系明显，可以明显地划分出2～3个层级，这也说明商务办公空间区域首位度较高，分布非常不均衡。

2．"外溢—填充—多核化"的空间历史演变特征

从广州市商务办公建筑的发展历程可以总结出"外溢—填充—多核化"的空间历史演变特征，这也是由城市用地历史发展、产业经济条件与价值内在动力驱使导致的：在城市用地方面，由于周边用地已被使用，拆迁的经济、社会成本高，这必然导致在快速经济发展的条件下，外溢到周边区域发展。随着外溢地区的极化聚集建设，各极之间沿着有优势景观效益与高效交通效率的主要城市干路之间填充式发展，这也是旧城改造在经济驱动下的最低成本的发展方式。随着城市规模继续扩大，单极核的聚集已经无法满足多样化的地域与职能分工发展需要，多极化的商务办公空间发展成为不可避免的趋势。

3．"累积正反馈"聚集效应、专业化分离的空间结构发展是其两大特征

广州市商务办公建筑空间布局主要集中在越秀区，其次是天河区与海珠区，这三区的商务办公建筑占到总数的86%，目前其开发量还是远高于其他地区，其聚集趋势依然强劲。这说明一旦商务办公建筑选址确定，非完全竞争市场的风险和"累积正反馈"效应将导致产业聚集以及开发商投资风险降低，使得商务办公建筑聚集形成效益递增，扩散的趋势降低。

广州在城市结构拓展上，从1984年与1995年两次城市总体规划的实施情况来看，规划对商务办公建筑空间布局的控制是有一定影响范围的。城市总体规划对商务办公建筑的可控制区域主要集中在老城区及其周边，虽然对南沙、从化、增城也有较多的规划引导，但始终收效较弱。可见，规划可控区域集中，对老城区及其周边的影响力比周边新城要大得多。商务办公建筑发展虽然起步于一定城镇化率之上，但两者没有直接的量化联系。虽然广州城镇化率高，老城区外围各地区的城市人口增长速度明显高于老城区，但老城区外围的商务办公建筑并没有随之增加，这主要是由于人口聚集带来的城镇化并不一定带来经济发展、产业提升与产业服务需求增加，只有当产业需要以生产性服务来促进经济发展时，商务办公建筑才会开始发展。此外，由于总体规划对初期城市拓展有着明显的空间发展指导作用，而这一时期也是商务办公建筑布局结构形成的时期，因此总体规划对商务办公建筑的初期发展有着至关重要的引导作用。

商务办公建筑与传统中央商务区（上下九街、北京路）出现专业化分离的趋势，这是由于商务职能（办公业态为主）与商业职能（批发、零售业态）在使用者、消费者、消费服务类型等本质上存在不同。商务竞争激烈，导致商务办公建筑与CBD出现分离并且逐步形成专业化区域，这也是商务职能发展专业化分离的趋势。

4．商务办公建筑的布局结构与售价关系密切

从商务办公建筑售价的宏观区域分布与历史发展来看，广州办公建筑售价高峰区域首先集中在老城区（越秀区、东山区与荔湾区），与周边非老城区的两极化差异明显。随着城镇化发展，办公建筑售价高峰区从老城区逐步向外扩散到天河区、海珠区、白云区及番禺区，这与这些区域的平均售价迅速上涨有关，这也说明城市发展完全符合经济发展的步伐。

从商务办公建筑聚集规模来看，在商业设施级别高或者规格高的写字楼地区，周边聚集的商务办公建筑规模大，聚集规模与微观市场价值呈现较强的关联关系，而且这种互动关系是一种动态正向联系。

5．用地规划的问题

从广州市现有的规划用地分布结构来看，用地与建筑空间分布结构存在较大差异，这说明城市规划管理政策与市场需求脱节。

第7章　广州市商务办公建筑职能布局模式与动因

本章主要研究广州市商务办公建筑的职能布局，以及办公企业与就业布局之间的关系，进而分析办公企业的选址决策与房地产开发企业的开发决策，最后提出可持续发展的"生态职能梯度开发"的职能布局模式。

7.1　广州市商务办公建筑职能结构特征

本节之所以首先分析办公建筑的职能布局，接着分析办公企业的分布特征，是由于商务办公建筑的主体是办公企业，但很多办公企业并不是使用写字楼作为办公场所，特别是一些中小企业，所以还应该分析办公企业的聚集特征，这样可以更深刻地了解商务办公建筑布局的内因。

7.1.1　广州市商务办公建筑集中布局与职能分工

1．商务办公建筑集中布局

2021年广州市商务办公建筑主要聚集在越秀区、天河区及海珠区这三个区域，占到总数的76%。广州市商务办公建筑主要有酒店式写字楼、纯写字楼、商住楼以及办公与商住混合式公寓。其中，纯写字楼占71%，商住楼占24%，办公与商住混合式公寓占4%，酒店式写字楼占1%。纯写字楼分为甲、乙、丙级写字楼，现统计的甲级写字楼中，有33%在天河区、24%在越秀区、16%在海珠区（图7-1）。甲级写字楼主要集中在

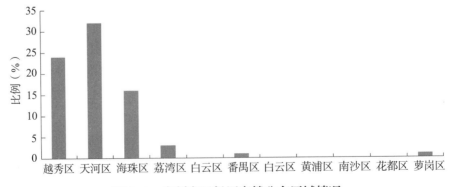

图7-1　广州市甲级写字楼分布区域情况

天河区与越秀区。

　　天河区的甲级写字楼主要集中在天河北与珠江新城，如希尔顿阳光大厦、天逸大厦、维多利广场、富力盈泰广场、利通广场，金融城的办公建筑也在迅速建设。在越秀区，甲级写字楼主要聚集在环市路，部分在东风路两侧，如北秀大厦、广州国际电子大厦、亚洲国际大酒店、越秀城市广场、广德大厦、健力宝大厦等。此外，在海珠区也有较多的甲级写字楼，如富力金禧商务中心、保利国际大厦等，随着琶洲国际会展商务区大量办公楼的建设，海珠区所占比例也有一定的提升。

　　2. 写字楼功能分布层次分明、差异明显

　　纯写字楼主要集中在体育中心、环市路、东风路周边，这些区域商务办公的专业性强。随着以珠江新城东、西塔为标志的大型综合写字楼的逐步建成，珠江新城成为发展潜力最大的区域。随着广州亚运会的建设、西塔等大型综合型办公楼的建成，珠江新城将会成为建筑面积最大的专业型商务办公地区。

　　乙级纯写字楼分布在这些办公区的次中心及其周边地区。甲级写字楼以海外大型企业或外国驻中国办事处，以及大的商贸机构、金融机构等入驻为主，而乙级写字楼主要进驻的是国内企业及其办事机构、房地产中介、贸易公司等。

　　综合型商贸写字楼主要分布在这些中心的外围或商贸中心的周边，如中山路和天河岗顶地区，租金较低，以中小企业进驻为主。商住楼分布与整体写字楼分布类似，主要集中在天河体育中心外围，其次集中在五羊新城、珠江新城、东风路、火车站、北京路周边，在一些主要道路上也有聚集，如江南大道、中山大道、工业大道、广州大道。

　　甲、乙、丙各级纯写字楼从建筑等级到建筑类型都有明显的层次差异，它们与综合型商贸写字楼、商住写字楼依次从内向外分布，虽然由于历史原因有所穿插，但整体上层次分明，租金越高的建筑类型越集中在中心分布。

　　3. 老城区、新城区的职能分工

　　从唐晓莲对广州市实地调研的结果（表7-1）可以看出，老城区的环市路、东风路制造业占比普遍较体育西路、中山路略高，这也是由于老城区的传统制造业企业较多，虽然广州市将工业疏散到了周边地区，但依然保留了较多的办事处与管理机构，此外，其他各省的制造业派出机构也集中在老城区。天河区作为新城区，专业服务业占比明显高于老城区，体现出新兴产业在新城区聚集的趋势。

广州市各地区写字楼职能分布（单位：%）　　　　　表 7-1

行业＼地区	环市东路	东风路	体育西路	中山路
制造业	21.32	17.56	17.47	19.62
信息传输、软件和信息技术服务业	11.34	1.93	11.93	4.16

行业＼地区	环市东路	东风路	体育西路	中山路
金融业	6.66	8.41	9.27	1.41
房地产业	6.40	15.14	4.7	18.75
租赁和商务服务业	38.94	45.55	32.04	41.28
科学研究和技术服务业	7.78	7.15	15.51	9.95
其他	7.56	4.26	9.08	4.83

来源：唐晓莲. 广州写字楼发展研究［D］. 广州：中山大学，2006.

在建筑类型上，新老城区办公建筑也有分工，初期的混合式与酒店式写字楼主要集中在老城区及海珠区西北部，专业型办公楼主要分布在新城区。

混合式与酒店式写字楼数量较少，属于写字楼发展初期的主要形态；随后主要以纯写字楼为主发展。不过近年来，海珠区的中州中心、珠江新城建设的富力盈盛广场、富力盈力大厦、鸿业大厦、高德置地广场等又是新型混合式的大型写字楼。其中，高德置地广场就包括商业四季商城（Seasons Mall）、国际商务CPU、朱美拉生活公寓、朱美拉酒店，按照面积5：10：3：1的比例建成，形成面积近100万平方米的巨型复合型写字楼，成为多功能混合式写字楼的代表。专业型办公楼由于出现时间短，因此主要选择在新城区如天河区中信广场周边、海珠区琶洲会展周边兴建，这些写字楼大多为境外或香港的房地产公司投资及物业管理，环境设计理念先进。

7.1.2 广州商务办公企业技术占比低、职能两极化分布

如图7-2、图7-3所示，广州在办公企业信息传输、软件和信息技术服务业，金融业，房地产业，租赁和商务服务业，科学研究和技术服务业五类企业中，企业数目最多的是租赁和商务服务业，其企业数目是第二位的科学研究和技术服务业的1.84倍，其次是信息传输、软件和信息技术服务业，房地产业，最少的是金融业，仅有9115家。如图7-4、图7-5所示，在产值上信息传输、软件和信息技术服务业，房地产业，租赁和商务服务业相差不多，在3000亿元左右。金融业的产值效率最高达到每一家企业产值约为2千万元。信息传输、软件和信息技术服务业和房地产业的企业平均产值在200万～600万元。科学研究和技术服务业、租赁和商务服务业则在80万～90万元。

广州市商务办公企业职能两极化分布、技术占比低。企业规模上的两极为商务服务职能最多、金融职能最少；效益上的两极为房地产职能最佳，金融与科技研发职能最低；信息传输、软件和信息技术服务业无论是企业规模还是产值效益都处于中等水平，这也说明广州市商务办公的科学技术含量较之前已有所提高。

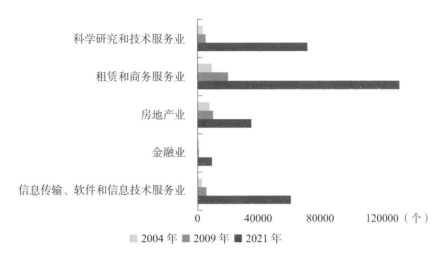

图 7-2　商务办公企业基本单位增长分析

来源：广州市统计年鉴（2004、2008、2021年）。

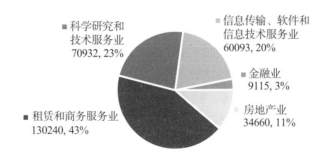

图 7-3　生产性服务业各类型企业数目比例分析（单位：家）

来源：广州市统计年鉴（2021年）。

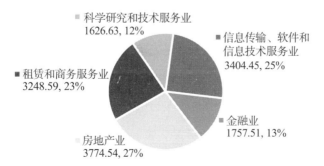

图 7-4　生产性服务业各类型企业产值比例分析（单位：亿元）

来源：广州市统计年鉴（2021年）。

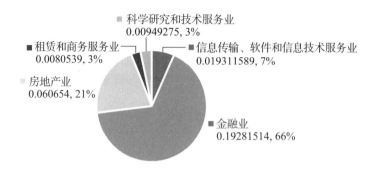

图 7-5　生产性服务业各类型企业平均产值分析（单位：亿元/家）

来源：广州市统计年鉴（2021年）。

7.1.3　广州商务办公企业聚集的梭形单中心特征

本小节根据2018年广州的第四次全国经济普查数据进行整理，再建立企业空间数据模型，实态显示出广州市办公企业的区域分布，并计算出首位度等，进行特征描述。

1．在企业总量上，呈现首位度高度集中的单中心结构

将各区的办公企业法人总数依次排列，并计算出两区间的首位度指数（图7-6），可以看出，主要分为三个层次：天河以212万就业人口、是第二位的白云区的2倍，成为首屈一指的企业集聚中心；白云区、番禺区、黄埔区、越秀区和海珠区五个区就业人口在60万~100万，为第二个区间，剩余的花都区、南沙区、增城区、荔湾区和从化区就业人口在50万以下。特别是从化区，就业人口只有上位荔湾区的一半，差异明显。全市42%的办公企业法人聚集在天河与白云这两个区，集中度明显，2008年居于第二位的越秀区明显下滑到第五位，说明老城区对商务办公企业的吸引力日益降低。从图7-7看出整个商务办公企业数量在各区分布，呈现出以天河区为单中心，逐级减少的金字塔形态。

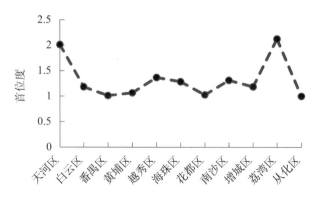

图 7-6　各区商务办公企业数量首位度分析

来源：广州市第四次全国经济普查领导小组办公室. 广州市第四次全国经济普查年鉴［Z］. 2020.

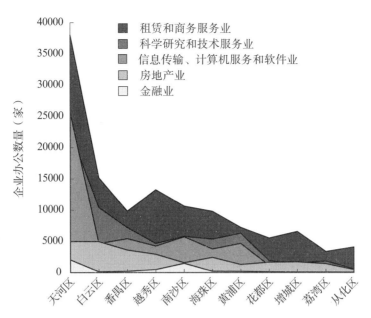

图 7-7 各区商务办公企业部分企业数量分析

来源：广州市第四次全国经济普查领导小组办公室. 广州市第四次全国经济普查年鉴［Z］. 2020.

2．在分布密度上呈现双中心发展，东西向聚集，南北向离散程度高

从企业密度上来看，各行政区的企业聚集密度相距甚远，最高的天河区与最低的从化区相差318.72倍，而且各区间差距都较大，形成逐层级迅速跌落的形态。天河区、越秀区法人单位密度远高于其他行政区，是排名第三位的海珠区的3.02倍，聚集密度最高。白云区虽然企业数量排第二位，但其法人单位密度仅排第六位。从化、增城、花都与南沙是企业密度低于1的四个行政区。

如图7-8、图7-9所示，从城市南北与东西的聚集剖面来看，城市办公聚集峰形坡度较陡，峰顶与峰底差距大，且峰顶与相邻第二位的数量差距很大，说明聚集度非常高。在广州东西与南北的分布上，主要是沿珠江北侧东西向聚集，出现的两个峰顶是白云区与天河区：东西剖面是白云区第一，南北剖面是天河区第一，天河区是20万量级，番禺只有8万级。其中天河区由于信息传输、软件和信息技术服务业法人数量明显较白云区多，而导致总体数量也略微多于白云区，两区法人单位总数占广州市总数的42%。南北向落差比东西向大，说明南北向比东西向离散程度更高，这也与广州市依江而建，东西向流淌的珠江造成南北向有跨河桥梁的限制有关；这还与广州北面为山区，难以形成城市聚集的地理位置有关。

各区法人单位总数的差异主要在租赁和商务服务业及信息传输、软件和信息技术服务业两大行业上，天河区与白云区的这两个行业单位总数就占广州市法人单位总数的10%。然而花都区的租赁和商务服务业单位数量呈增加态势，白云区的房地产业也明显高于周边区域。

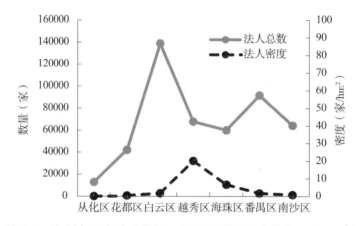

图 7-8　广州东西向法人数量、密度聚集剖面（单位：个 /hm²）

来源：广州市第四次全国经济普查领导小组办公室. 广州市第四次全国经济普查年鉴［Z］. 2020.

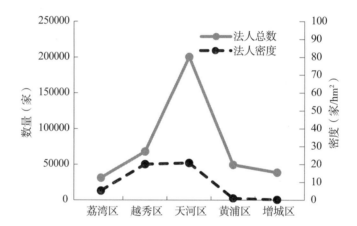

图 7-9　广州南北向法人数量、密度聚集剖面（单位：个 /hm²）

来源：广州市第四次全国经济普查领导小组办公室. 广州市第四次全国经济普查年鉴［Z］. 2020.

3．企业扩散与专业化集聚并存

根据2018年公布的《广州市第四次全国经济普查公报》，老城区的企业数目占比有所下降，但聚集明显，天河区占比迅速上升。同时，老城区专业化水平进一步提升。越秀区、荔湾区、海珠区等老中心城区办公业2018年的区位商[1]大于2000年的区位商，其他边缘区的办公业区位商对比2000年略有下降（图7-10、图7-11）。

1　区位商（Location Quotient）是区域经济学、经济地理学中评价区域优势的基本分析方法。区位商又称专门化率（也有译为区位熵），它由哈盖特（P. Haggett）于1955年首先提出并运用于区位分析中，在衡量某一区域要素的空间分布情况，反映某一产业部门的优劣势，以及某一区域在高层次区域的地位和作用等方面，通过计算某一区域产业的区位商，可以找出该区域在全国具有一定地位的优势产业，并根据区位商LQ值的大小来衡量其专门化率。一般认为区位商大于1，可以认为该产业是地区的专业化部门；区位商越大，专业化水平越高。

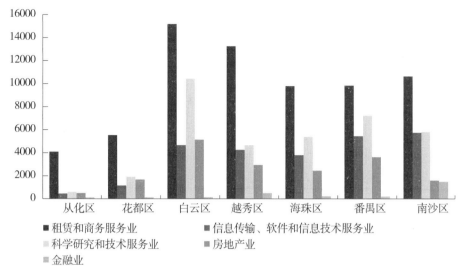

图 7-10　广州南北向企业法人组成聚集剖面
来源：广州市第四次全国经济普查领导小组办公室. 广州市第四次全国经济普查年鉴［Z］. 2020.

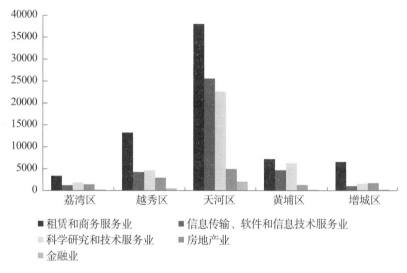

图 7-11　广州东西向企业法人组成聚集剖面
来源：广州市第四次全国经济普查领导小组办公室. 广州市第四次全国经济普查年鉴［Z］. 2020.

区位商大于1的区域为天河区（1.69）、越秀区（1.22）与海珠区（1.12），办公业高度集聚于新旧CBD。办公业区位商最高的街区为天河区的天河南街道（3.23）、东山区的黄花岗街道（3.09），此外，区位商大于2的街区有越秀区的洪桥街道（2.99）、海珠区的新港街道（2.97）、东山区的梅花村街道（2.81）与东山区的建设街道（2.73）等，形成老城中心区CBD（黄花岗—环市东、农林下路—东山口）和新城市中心区CBD（天河南—天河北），五山高校区、海珠区的新港路（依托科研机构和大学），这些区域的办公业就业人口高度集中，具有更高的专业化水平和区域影响力。

7.1.4 广州商务办公企业经济效益的金字塔形单中心结构

从企业产值首位度分析（图7-12）可以看出，天河区排名第二位，是越秀区的2.4倍，超出了国际标准2.0的合理范围，遥遥领先其他各区域，属于高度集中。天河区、黄埔区与越秀区三个区的产值占到广州市的49%。因此，再细分可以将GDP数值在1000亿元以上的越秀区、黄埔区、海珠区、番禺区和白云区排在第二个层级，剩余的南沙区、荔湾区、增城区、花都区和从化区为第三层级，其中从化区和花都区之间的差异巨大，说明从化区商务办公产业发育不全；还可以看出各层级分布是按照与天河区、越秀区、黄埔区的距离形成的圈层分布关系，办公企业产值最低的区域在广州市最外围，整个结构呈现金字塔形。

从产值剖面图（图7-13、图7-14）可以看出，产值上的聚集比企业数量上的聚集程度更高，产值的差异主要在金融企业。与租赁和商务服务企业不同，金融企业数量上虽然很少，但产值贡献却很大。相反，租赁与商业服务业在企业平均产值上的贡献低于金融、房地产、信息传输、软件和信息技术服务业，仅高于科研。可见一方面要大力引导金融企业入驻，另一方面科研企业的盈利效益有待提高。

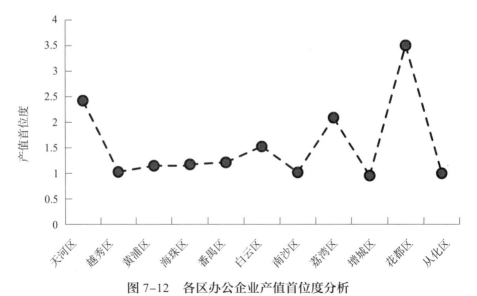

图7-12 各区办公企业产值首位度分析

来源：广州市第四次全国经济普查领导小组办公室. 广州市第四次全国经济普查年鉴［Z］. 2020.

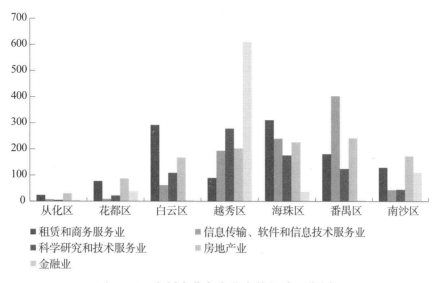

图 7-13   广州南北向企业产值组成聚集剖面

来源：广州市第四次全国经济普查领导小组办公室. 广州市第四次全国经济普查年鉴［Z］. 2020.

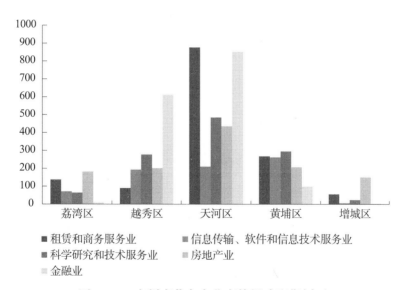

图 7-14   广州南北向企业产值组成聚集剖面

来源：广州市第四次全国经济普查领导小组办公室. 广州市第四次全国经济普查年鉴［Z］. 2020.

7.1.5　广州商务办公就业的"金字塔"单中心结构

根据《广州市第四次全国经济普查公报》，广州市商务办公空间的五大行业就业人口合计达到246万，占第二、三产业行业合计835万就业人口的29.5%，比第一次全国经济普查时候增长了378.8%，其中租赁和商务服务业增长最快，增长了510%，金融业增长速度最慢，只增长了54.9%（图7-15）。

就业人数也主要集中在天河区，占整个广州市办公企业就业人数的25%。其次为白云区、越秀区、黄埔区及番禺区（图7-16、图7-17），四个区域约占整个广州市办公企业就业人数的45%。天河区的金融业、房地产业、租赁和商务服务业就业人数远远超过其他区域，其金融企业的平均人数比其他行业要多得多，是排名第二位的科研企业的12倍。

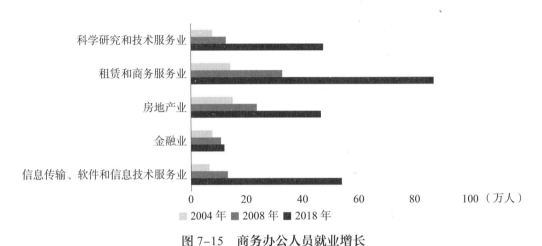

图 7-15　商务办公人员就业增长

来源：广州市第四次全国经济普查领导小组办公室. 广州市第四次全国经济普查年鉴［Z］. 2020.

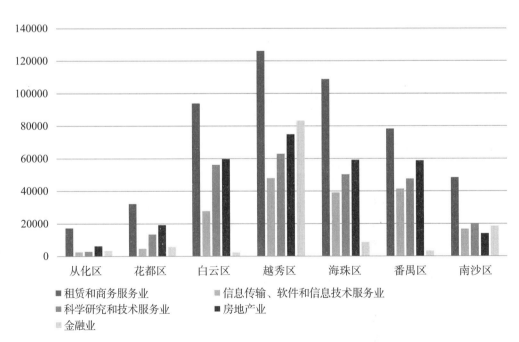

图 7-16　广州南北向企业就业组成聚集剖面

来源：广州市第四次全国经济普查领导小组办公室. 广州市第四次全国经济普查年鉴［Z］. 2020.

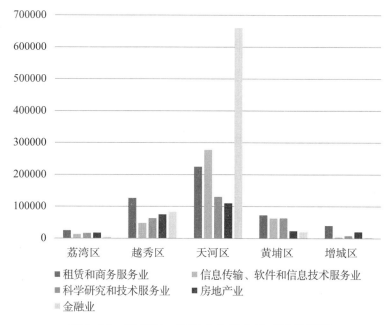

图 7-17　广州东—西向企业就业组成聚集剖面

来源：广州市第四次全国经济普查领导小组办公室. 广州市第四次全国经济普查年鉴 [Z]，2020.

　　2004年第一次经济普查数据与2018年第四次经济普查数据相比较，广州市在地域分布上的服务业就业空间变化趋势为由集中走向均衡，越秀、番禺老城区办公就业占比有所下降，但集聚程度仍然较高。新城中心区如天河区占比上升较快，依然保持"两头并起"的格局（方远平，2009）。

7.1.6　广州市商务办公建筑职能布局的"洼地效应"特征

　　广州市商务办公建筑布局为"中心区—周边地区—外围地区"，其聚集密度形成"高—中—低"逐渐跌落的形态，而在办公企业人均以及企业平均产值上却形成"高—低—高"的形态。

　　从以企业产值/企业数量计算的单位产值的区域分布来看，越秀区约为898250万元/个，高出天河区约50%。南沙区与花都区、海珠区位于其后，分别为172516万元/个、91812万元/个、60385万元/个，黄埔区与荔湾区分别为20091万元/个、27793万元/个，最后是白云区、从化区、番禺区及增城区。从单位人均产值来看，越秀区最高约为61288万元/人，其次是天河区为37607万元/人。南沙区、荔湾区在24000万元/人左右，黄埔区、花都区和海珠区分别在10000万～50000万元/人之间，白云区、从化区、番禺区、增城区为300万～100万元/人。从企业平均人数来看，黄埔区以18人/家最高，其次是越秀区14人/家，从化区、花都区在12人/家左右，番禺区、天河区、南沙区、荔湾区、白云区、南沙区与海珠区在7~11人/家。不同角度的统计方法结论略有不同，但都可以看出企业平均产值形成"高—低—高"的"洼地效应"特征。

7.1.7 广州市商务办公建筑职能分布的内因探讨

由于广州市是最早实施改革开放的城市之一，在充分尊重与利用市场作用的条件下，经济得到极大发展的同时，市场对城市空间的影响也体现得较为明显。特别是随着深圳市1987年率先实施土地有偿使用后，广州与深圳、上海、天津、厦门、福州被列为土地使用制度改革试点城市，很快建立了公开招标的土地使用制度。这使得建筑开发建设由无偿使用变为有偿使用，促使资源向有利的地区集中，更加促进了市场对商务办公建筑聚集的影响。

1．职能分布的内在经济推力

商务办公建筑空间布局由企业需求决定使用情况，而企业经营的良好程度成为吸引就业的主要因素，三者由经济这条内在主线贯穿。对比办公企业数量、注册资金与办公楼建筑的开发量也可以明显看出，排除2004年缺乏租赁和商务服务业，信息传输、软件和信息技术服务业参数，依然可以看出四条曲线走势相互独立没有必然联系，但注册资金与办公楼成交的累积数据明显呈正相关（相关系数R=0.90）（图7-18）。可见办公企业数量及注册资金与办公楼每年的开发量和成交量属于长期累积的数据，与每年的变化趋势无关（即不能以企业数量或注册资金增加预测来年办公建筑增长的发展趋势），但与办公楼实际累积使用面积有关，且与办公企业数量、办公企业注册金额呈正相关（图7-19）。可见，随着办公业向利润更高的层次发展，企业的资金实力提高，企业数量也会随之增加，商务办公空间的需求也会不断增加。

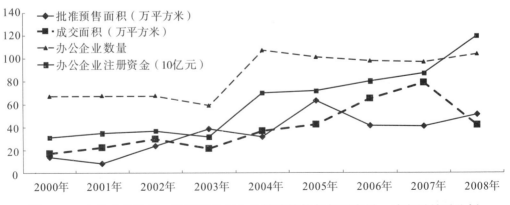

图7-18 办公企业数量、注册资金与办公楼建筑的每年开发量、成交量关系分析

来源：广州市统计年鉴。

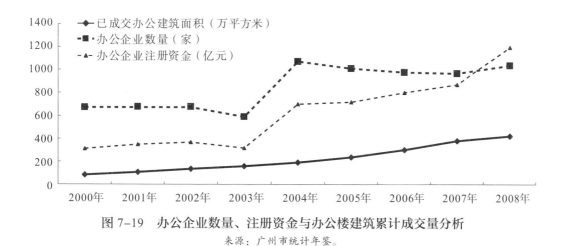

图 7-19　办公企业数量、注册资金与办公楼建筑累计成交量分析

来源：广州市统计年鉴。

2．职能分布的竞争性聚集

从企业产值聚集可以看出，产值聚集程度远高于企业法人与就业人口的聚集，这是因为城市中心区的高档写字楼主要聚集的是付租能力强的企业，如外资企业、金融企业、大型国企等；周边地区聚集的则是经济效率低、付租能力较弱的企业。

从区域分布上来看，天河区与越秀区无论在各方面都遥遥领先其他各区，是办公企业最为集中的地区，产业高端，企业人数较多。虽然天河区企业密度大于天河区，但企业与人均产值却远低于越秀区，说明天河区企业集聚程度较高，企业人数较多。而总产值居第七位的荔湾区，人均产值居第三位，企业单位产值仅居第六位，说明该地区企业数量少，但企业单位产值、人均产值高。黄埔区人均产值居于第五位、企业产值居于第七位，是属于企业单位产值低、人均产值高的地区。而白云区办公企业产业等级较低，企业人数规模小，属于企业数目多但产业等级低的办公企业。增城区、从化区和番禺区企业数目较少、人均产值低、企业人数多、企业产值较低，可以看作低端产业规模化运营企业较多的"三低"企业集中区。

从企业类型上来看，科技企业分布与就业分布极其一致，企业人口规模变化不大，在天河区、越秀区、海珠区聚集数量差异不大，这是由于这类企业市场开放性不强，主要用地为早期划拨用地，对市场价值敏感度不高。信息传输、软件和信息服务业则主要集中在天河区，这说明信息企业对老城区的传统商业依赖性较弱，而与新兴的天河电子产品商业聚集关系较为紧密。金融企业聚集在越秀区、天河区，且金融企业属于平均就业人数多，但企业总数少的企业类型。租赁与房地产企业则主要聚集于天河区与越秀区，两个区域差异不大。黄埔区、增城区、南沙区、花都区、从化区的办公企业就业人口急剧下降，说明这些地区还是以传统制造业为主，且对技术等生产性服务业的需求还是依赖于中心城区的服务。

3．建筑聚集单中心与企业聚集单中心的差异

商务办公建筑聚集密度最高的是越秀区、天河区，呈"双中心"格局，这与办公企业法人、就业与产值最高的都是天河区单中心结构存在较大差异。其原因是越秀区属于广州市商务办公建筑发展比较早的地区，集聚了有一定历史的大中型企业，且传统企业如工业制造业、商贸业的总部较多。这些传统企业由于注册时不属于生产性服务业的领域，因此无法统计其企业法人的数量。根据抽样调查，越秀区写字楼内从事第二产业的企业占到30%（唐晓莲，2006）。这些企业办公人员多，使用建筑面积大，造成商务办公建筑需求大。天河区新兴企业多，传统的第二产业企业只占到不足15%（唐晓莲，2006），且中小型的私营企业占比大，新兴行业利润也比传统行业高，因此从法人角度统计造成"越秀—天河"双中心结构。虽然海珠区商务办公建筑与天河区相差无几，但空置率较高，从1999年的69%到2005年的6.64%，从房地产年鉴的数据来看，是老东山区空置率的2～1.5倍。

可见商务办公楼的聚集与企业聚集还有较大差异，这也是形成不同规模、不同付租能力等企业结构需求与写字楼供给差异的原因，是形成不同空置率的主要原因。在城市规划时，要以发掘企业聚集特征、满足企业需求为主，才能减少空间浪费，促进空间的聚集及合理利用。

7.2 广州市商务办公建筑各区域的职能布局特征

7.2.1 天河区

天河区自从20世纪90年代以来，第三产业发展迅速。早在1991年，天河区政府就提出"三二一"产业发展规划；2006年，第三产业达到总产值的67.60%，达57.08亿元。因此，天河区的办公产业发展排在全市第一位（图7-20），已超越越秀区。天河区在商务办公职能上以租赁和商务服务业为主，占全区办公结构的18%，是越秀区的2.8倍，其次是信息技术服务业，占到12%，然后是科学研究和技术服务业，房地产业，最后是金融行业。这主要是因为天河区以IT产业为核心，发展电子产品批发与零售以及信息服务等关联产业，导致天河区的商务办公职能倾向于高科技的办公服务业。

办公建筑主要集中在体育中心周边及珠江新城，并沿着天河北路、天河东路、天河路呈井字形向外延伸，此区域内集中了天河区90%的写字楼。体育中心与珠江新城是城市规划引导的面状布局的商务办公聚集区。其中，体育中心周边环状聚集了

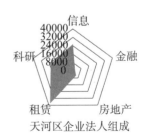

图7-20 第一层级地区商务办公法人行业组成（1个）
来源：广州市第四次全国经济普查领导小组办公室. 广州市第四次全国经济普查年鉴［Z］. 2020.

30%的甲级写字楼，如市长大厦、时代广场及中信广场等，成为专业的办公区域，也集中了国内外大企业、外国领事馆等高级办公服务业机构。珠江新城建设近20年，随着广州亚运会的开幕，大部分办公建筑已建成，甲级写字楼、综合型办公楼、高级商住办公楼等各类型的办公楼都有，成为真正的写字楼聚集区。从广州大道北开始至广园路，商务办公建筑沿着天河北路一路延伸，到天河科技园形成一个节点。天河东路沿路商务办公建筑主要以商务酒店为主，在与天河路交界处有丰兴广场、壬丰大厦、天骏国际大厦，与黄埔大道交界处有富力盈泰广场等新兴高档写字楼。从就业人口也能看出天河区职能主要倾向于高科技的办公服务业：信息传输、软件和信息技术服务业就业人数全市第一，约占该行业总人数的51%。在科学研究和技术服务业也超过具有一定传统优势的越秀区。就连租赁和商务服务业也逐步超过越秀区，成为广告业的主要区域。但在区域内部，主要的就业部门是金融业，占就业总人数的47%，其次是信息传输、软件和信息技术服务业，两者相差4万人左右。再次由高到低是租赁和商务服务业，房地产业，科学研究和技术服务业，但后两者相差不足3000人。

7.2.2　越秀区

越秀区在合并东山区之后，成为商务办公建筑聚集的重点地区，也是商务办公建筑数量最多的城区。越秀区自古商业优势明显，广州主要四个商业中心中有三个在越秀区，即北京路、中山五路、长堤—人民南路。广交会也花落越秀区，这导致越秀区的第三产业发展优势明显。早在2005年，第三产业已经占到总产值的96.10%，这也使得总部经济聚集。此外，作为广东省、广州市的政府驻地，外省的办事机构也大多入驻于此，为商务办公发展奠定了良好的基础。

越秀区办公业主要以商业服务的租赁和商务服务业为特色（图7-21），占到办公企业总数的19.5%，信息传输、软件和信息技术服务业紧随其后。商业与商务建筑出现分离，商务办公建筑与三个商业中心分离，主要沿着环市路、东风路与中山路线性分布。其中，约40%的甲级写字楼主要聚集在环市路周边，如好世界广场、世界贸易中心、宜安广场等。东风东路沿线也聚集了约30%的写字楼、20%的甲级写字楼，而中山路沿线断断续续地分布着不到10%的写字楼。虽然越秀区的写字楼数量比天河区多，但天河区企业数量多，面积大、发展潜力大，因此越秀区近年来主要集中通过"三旧改造"挖掘土地潜力以发展商务办公业。

越秀区的生产性服务业就业总人数落后于天河区，位居第四，就业人数主要优势是金融业与租赁和商务服务业，属于经济利润高的行业，因此支付租金的能力也比较强；房地产业以及科学研究和技术服务业低于天河区。在区域内部，租赁和商务服务就业人数最多，占到就业总人数的32%，其次是金融业与房地产业，占21%左右。

7.2.3　海珠区

海珠区是天河区、白云区之外发展最为迅速的地区，办公业职能中租赁和商务服务业的占比达到20%左右，是由商业服务为主体的办公企业组成，整体结构与番禺区、黄埔区类似（见图7-21），但数量较少。海珠区的商务办公建筑主要集中在内环路以北、广州大道南以及新兴的琶洲地区。内环路以北因受越秀区辐射，以及与内环路的便利交通连接，以商住、综合写字楼等档次较低的写字楼为主。在广州大道南客村附近，随着广州市中轴线、观光塔、领事馆区周边建设的进行，周边逐步聚集了综合型办公楼（如丽影广场）、商住办公楼（如财智大厦）等非专业型办公楼，也出现了浩蕴商务大厦这类专业型办公楼。在琶洲，随着新的会展中心的建设，超五星的香格里拉酒店、中州中心、保利国际广场等一批档次高的商务办公建筑逐步形成，成为海珠区新兴的主要商务办公聚集区域。海珠区就业人数与番禺区、越秀区相当，是居于首位的天河区的九分之一，租赁和商务服务业、房地产业、科学研究和技术服务业分列第一到第三，信息传输、软件和信息技术服务业从业人数少，金融业服务人数最少。

7.2.4　其他地区

番禺区、白云区近几年发展迅速，主要是由于这些区第一、二产业发展较好，且位于中心区周边，是缓解中心区居住问题，提高第一、二产业居住水平的主要区域，过去租赁和商务服务业在这些地区也处于洼地状态，但随着中心城区商务办公产业的外溢而得到了快速的发展。荔湾区、花都区、从化区、增城区、南沙区等租赁与商业服务业占

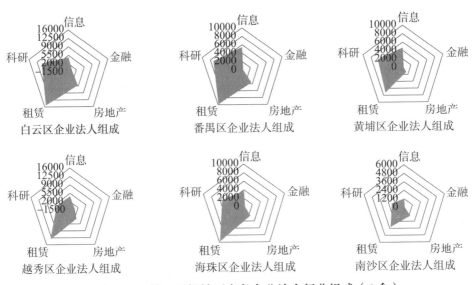

图 7-21　第二层级地区商务办公法人行业组成（6个）

来源：广州市第四次全国经济普查领导小组办公室. 广州市第四次全国经济普查年鉴［Z］. 2020.

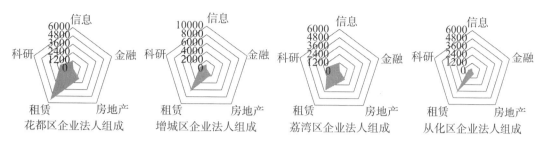

图 7-22　第三层级地区法人行业组成（4 个）
来源：广州市第四次全国经济普查领导小组办公室. 广州市第四次全国经济普查年鉴［Z］. 2020.

比大。由于距离中心区较远，自身商业较为独立，其配套的运输、租赁、广告等租赁与商业服务业也较为聚集。由于收入较低，房地产发展尚属于初步阶段（图7-22）。这几个地区信息传输、软件和信息技术服务业，科学研究和技术服务业，金融业所占比重都很低，说明这些地区生产性服务业规模小，商务办公建筑数量少，第一、二产业发展属于资源粗放型阶段，无法通过生产性服务业促进产业效率与科技水平的提升。

7.3　广州市商务办公建筑职能街区布局特征

由前所述可见，广州市各行政区办公企业的分布情况为：天河区与越秀区是办公企业聚集密度最高的区域，占全市办公企业总量的60%以上，且两区都是以物流与商业服务业为主（表7-2）。但是天河区的信息传输、软件和信息技术服务业有着很强的优势，明显区别于老城区越秀区。此外，租赁和商务服务业为主的城区还有海珠区、花都区与增城区。天河区、番禺区、黄埔区以房地产为主。其余地区企业分布特征不很突出。

广州市各区办公法人数统计（单位：人）　　　表 7-2

层级及区域	行业与就业人数	信息传输、软件和信息技术服务业	金融业	房地产业	租赁和商务服务业	科学研究和技术服务业	就业总人数
第一层级	天河区	25577	2053	4983	38042	22629	93284
第二层级	白云区	4660	134	5134	15185	10421	35534
	番禺区	5438	209	3624	9837	7216	26324
	越秀区	4261	500	2947	13256	4668	25632
	南沙区	5737	1501	1602	10635	5805	25280
	海珠区	3793	219	2454	9796	5376	21638
	黄埔区	4690	201	1312	7235	6304	19742

续表

行业与就业人数　　　　　层级及区域		信息传输、软件和信息技术服务业	金融业	房地产业	租赁和商务服务业	科学研究和技术服务业	就业总人数
第三层级	增城区	1039	84	1735	6574	1580	11012
	花都区	1165	123	1683	5530	1919	10420
	荔湾区	1225	77	1441	3371	1859	7973
	从化区	451	48	493	4089	600	5681

来源：广州市第四次全国经济普查领导小组办公室. 广州市第四次全国经济普查年鉴［Z］. 2020.

7.3.1 广州商务办公职能布局中层级化与碎片化现象并存

本小节分析各行政区内街区的分布情况，分析更为微观具体的分布特征，从而更好地与城市要素之间建立具体的联系。通常的研究方法以居委会或者街道办事处作为街道基础分析单位，但是由于广州市黄页等资料数量众多，本书统计有4万多家办公企业，难以按照具体地址一一对应办公地点并确定企业所在街区。因此，选择以广州市邮政通信黄页的办公企业数据为主，以各企业所在地区的邮政编码进行统计，以邮编地区为基础统计单元，再在广州市合计206个[1]邮编区中进行聚类分析，研究总体街区的聚集情况、各类型的企业聚集情况，以及不同类型办公企业之间是否存在关联等特征。

1．办公企业数量的街区分布

将广州市206个邮政编码地区的办公企业数量进行从大到小排列，可列出前30个地区。中心城区周边区域，排列第7的511400邮编区域为番禺市桥，是番禺的中心区，其办公企业代表着番禺区的重点，数量众多。此外，排列第9的黄埔区是广州经济技术开发区（510730），第13的花都区龙口镇（510800）、第27的黄埔区大沙地区（510700）都是各行政区的中心区域，其他如萝岗、南沙、增城、从化由于处于更加外围的区域，其中心区的邮政编码地块虽然面积大，有数十平方公里，但商务办公企业分布数量比广州市中心区面积不足2km²的邮编地区还要少，没有进入前30名。从中可以看出明显的扩散分布状态：整个广州市的企业重心是旧城区边缘，内环路东侧附近，周边联系紧密的白云、海珠、黄埔、番禺行政区的企业重心在各行政区的中心区域，再往外围则急剧下降。

在占广州市面积不到15%的30个邮政编码区域内办公企业已经占到总数的66%，剩余85%的区域仅占34%，可以看到办公企业聚集程度较高。在地区分布上，数量最多的是天河体育中心周边区域（4551家企业），排名第二、第三的是天河区石牌区域（3186

1　根据邮编库网站http://www.youbianku.com以及其他网站补充统计。

家）以及越秀区五羊新城（1757家），形成一方面以天河体育中心为核心，沿环市路以及中山大道两侧延伸的分布形态；另一方面形成以广州市老城区向海珠区西北侧与白云区东南侧南北辐射的发展态势。

珠江新城现阶段处于建设期，虽然企业入驻不太多，但从周边发展都非常良好的情况来看，它蕴藏着极大的发展潜力。这也是政府与规划学者的高明之处，为未来预留了一块发展的黄金地段。虽然由于急功近利地开发导致居住用地比例较大，但还是不失为体现规划超前思维的杰作。此外，从老城区向南北延伸的历史特征来推断，今后珠江新城的发展将会惠及位于广州市新城市中轴线上的海珠区。

2．办公企业聚集密度的街区分布

考虑街区面积的办公企业聚集密度（企业数量/地区面积）的分析说明，与数量上的分布不同，密度最高的地区虽然还是在体育中心周边，但是第二、三位都在越秀区的环市路花园酒店周边及北京路一带，第四位的五羊新城也属于越秀区，老城区在聚集密度上有着明显的优势。老城区外围和天河体育中心岗顶外围则处于15km以外，企业聚集密度迅速下降。

3．层级化与碎片化的街区分布特征

从企业规模与聚集密度可以得出两个明显的分布特征：层级化与碎片化。

从整体上看，企业街区分布主要以天河体育中心为核心向外围扩散，这在广州市邮编地区商务办公企业数量分析中表现尤其明显，第一位是天河中心，五羊新城、五山—天河北紧随其后，外围则由深色（规模大）到浅色（规模小）逐步降低，在广州市商务办公企业聚集密度分析中也有这样的特征，这表明办公企业内在需求是以体育中心为核心、以老城区为发展基础，逐步向外递减。

在分析中也可以发现，层级化特征并不是很严格，其中会有突然降低（如企业数量分析中体育中心以北突然降低）与突然升高（在企业聚集密度分析中环市路、上下九街突然升高）的现象，说明由于历史建设、道路分隔等作用造成地区分布的不连续性，碎片插入现象表现明显。

7.3.2　广州大型商务办公企业的街区分布各具异性

从大型企业所处行业以及具体地址的街区分布可以看出居于产业链顶端的企业分布特征，这也是在付租等经济能力不是主要阻碍时各企业的选址取向。

根据广东省企业联合会、广东省企业家协会发布的2010年、2018年广东企业500强中的商务办公企业的数据，可分析大型办公企业的街区分布特征。2018年广州大型商务办公企业中，营收额前10名的商务办公类企业主要以房地产、金融与租赁和商务服务业为主（表7-3），相比2010年广州市前10名主要以房地产、通信公司为主不同，可见商务办公类企业在这十余年间，商贸服务、金融业发展迅速，信息传输、软件和信息技术服务业产值有明显下降。

2010 年、2018 年广州大型商务办公企业　　表 7-3

2018 年			2010 年		
省内排名	公司名称	营收收入（万元）	省内排名	公司名称	营收收入（万元）
8	恒大地产集团	31102200	6	中国移动通信集团广东有限公司	8657202
15	保利房地产（集团）股份有限公司	14630624	16	中国电信股份有限公司广东分公司	4259221
29	唯品会（中国）有限公司	6892996	23	广东省广业资产经营有限公司	2101486
32	广州富力地产股份有限公司	5927786	24	广州市建筑集团有限公司	1992778
53	广州越秀集团有限公司	3726759	28	广东省广晟资产经营有限公司	1793900
54	广东省建筑工程集团有限公司	3631657	41	中国联合网络通信有限公司广东省分公司	989009
62	广州农村商业银行股份有限公司	3125566	48	广州轻工工贸集团有限公司	807697
64	香江集团有限公司	3005700	122	中国奥园地产集团	236000
65	广州国资发展控股有限公司	2879767	136	广东省广告股份有限公司	205024

来源：广东省企业联合会，广东省企业家协会. 2010年、2018年广东企业500强榜单发布［EB/OL］.（2018-08-10）［2023-03-29］. https://baijiahao.baidu.com/s?id=1608377123311218228&wfr=spider&for=pc.

2005年出现在广州市百强企业名单的广东省电力设计院是唯一的科学研究和技术服务业的大型企业，在2013年又退出了榜单，可见科研类大型企业还很少。广州的信息传输、计算机服务和软件企业主要为移动和电信公司，这些公司主要机构集中在越秀区与天河区，其中天河区居多，各分支机构则遍布广州市内。金融企业主要集中在越秀区，只有中国银行广州市珠江支行在天河区。

房地产企业分布广泛，如保利房地产股份有限公司在海珠区琶洲，广东珠江投资有限公司在珠江新城，广州珠江侨都房地产有限公司在海珠区新港中路，广州市番禺祈福新村房地产有限公司在番禺钟村，碧桂园物业发展有限公司在增城区等。这说明大型房地产公司由于资金雄厚，且往往自建有写字楼，所以分布有较强的随机性。

广东省电力设计院在越秀区东风路上，属于传统的办公楼区。中国对外贸易中心（集团）则随着广交会馆分布在越秀区流花路与海珠区琶洲。

从以上分析可以看出，广州大型商务办公企业的街区分布各具异性。一方面是行业性质的原因。房地产企业与其他生产性服务行业关系不密切，显示出较强的独立性，主要随着企业自己开发的楼盘分布，形成各自独立的办公场所。科研类型的企业也类似，如广州网易互动娱乐有限公司位于天河区建华路，该地区并不是商务办公的明显聚集地。另一方面是历史政策的原因。由于早期土地划拨，造成资历较老的大型商务办公企业，特别是由政府独资或控股的国企多集中在老城区，如商业银行、中国对外贸易中心（集团）与广东省电力设计院都位于越秀区；新兴的大型民营企业由于没有历史优势，需要在市场上自主选择场地，因此多选择在天河区等新环境，如广州网易互动娱乐有限公司、电信公司及一些新型银行。

7.4　广州市商务办公企业选址决策

区别于房地产商的开发决策，办公企业对商务办公空间需求是最为直接的市场需求，因此办公企业的空间决策是商务办公空间形成的最重要的内在原因，办公企业与房地产商的决策差异从本质上来说是写字楼空置的原因。比较直观的表述是，写字楼的分布代表着商务办公建筑的分布。但实际上只有去除空置率后的写字楼分布才真正代表着市场需求与商务办公空间的分布。由于写字楼的空置率缺乏明确的统计，已有的广州写字楼空置率研究也只是针对广州市整体的自然空置率研究，局部统计缺乏整体数据与细节，难以进一步研究，甚至因被看作商业机密难以直接获得，因此研究办公企业的空间决策则显得尤其重要。

国外的研究认为，制造业和商务办公楼朝向中央商务区时，制造商是受中央商务区出口交叉点的吸引，而商务办公楼集中于市中心周边是为方便面对面地接触。也有美国学者桑格伦（1970）将办公产业分为执行职能（program）、计划职能（planning）和导向职能（orientation）三个层次，较低层次的执行职能一般分布在郊区，而高层的导向职能留在城市商务中心；阎小培认为企业由经营扩大、技术进步决定企业的空间需求，聚集效应、关联效应、劳动力分布以及交通通信设施的易达性决定企业的区位要求。

7.4.1　办公业的柔性生产方式特征是选址决策的出发点

1973～1975年世界经历第二次经济危机后，西方发达国家进入产业再结构化阶段。美国制造业严重衰退，美国政府为了在世界经济中重振雄风，于1988年组成了由国家科学基金会牵头，众多企业和高校、研究机构参与的产学研体系，开始深入研究与分析经济衰退的原因及对策，同时也提出了适应多变市场的企业生产模式。这就是1998年美国里海大学和GM公司共同提出的柔性生产模式（Agile Manufacturing，AM），它已成为"21世纪制造业战略"。与以美国"福特制"为代表的大批量生产方式与卖方市场的刚性生产方式不同，以个性化、小批量产品生产为代表的柔性生产方式在产品日益丰富后的买方市场成为生产的必然趋势。办公业具有技术含量高、革新速度快以及产品周期短的特征，非常契合柔性生产方式的特点。

办公业的柔性生产方式的特征，导致办工业选址出发点的不同：柔性化生产从业人员一般有高学历，对生活区域的教育与文化环境要求也高；不同行业与第一、二产业以及第三产业内部的产业链关联不同，因此有不同聚集倾向；产品周期性短，高风险、高收入，使得企业随着产品周期不同在不同区域聚集；柔性专业化特征使得主要以多品种、少数量生产方式的中小企业为了生存加强企业之间的合作。

1．高技术人才选址特点

办公业行业内部的生产要素主要由信息、知识、人才等构成，是资本密集与人才密集产业，其行业的不确定性、高投入、高风险特征突出，产业竞争往往是全球化竞争，难度大，产业附加值高，因此对从业人员的文化素养与专业知识要求高。

因此，一方面大型企业会形成较大的人才吸引的能力，往往可以独立地在其他地区发展；另一方面，对于中小企业，良好的区域条件是必要的人才吸引条件，区域吸引人才主要靠文化包容性、良好的公共服务设施、儿童教育设施、便利的交通设施等，由于广州市最好的医疗设施、教育设施、文化设施都集中在越秀等老城区，这也是造成老城区成为商务办公聚集主要区域的原因。

2．产业链关联是选址的重要因素

办公业中不同行业服务的部门不同，上下游产业链关联也不同，这些产业会与相关产业链在经济许可的条件下保持密切联系。如旅行社主要为个人服务，因此区位选择趋向于均质化分布；广告业既要与第二产业联系，也要与电视电台广播和平面媒体联系，为了便于联系，趋向于在城市中心区域选址；与商业相关的会议及展览服务业、职业中介服务、社会经济咨询与法律服务则聚集在大型商业中心周边；而包装服务由于占地面积大，付租能力低，因此会在城市边缘且交通便利的地区聚集。

3．高科技新兴产业选址倾向

对于科研等技术行业，新技术不一定能产生新产品，而且研发费用高，因此以技术为主导的中小型企业倾向于聚集，以降低风险，提高中间产品的转化率，并且会随着产品的成熟度在城市边缘地区与中心区之间迁移。对于以知识为主导的行业，其区位选择会倾向于：产学研的有机协作体系所在地、公共知识基地，以及具有丰富的信息、高质量的劳动力、区域内部的产业联系、中间产品的利用可能等这些被称为"区域创新环境（regional milieux innovation）"的地方。

7.4.2　广州商务办公业产业链的发展状况

由于产业聚集化发展优势大于单独企业发展，从而产生了企业链的聚集。企业的产业发展水平可以分为横向联系与纵向联系。横向联系主要指的是办公企业之间的联系，如房地产与法律咨询、广告制作、规划设计企业之间的联系；纵向联系指的是与第一、二产业企业以及生活服务类企业之间的联系，如房地产业与建材、施工企业、城市规划管理部门之间的联系。企业产业链之间的联系越紧密，分工越细致，则意味着办公企业在选址时必须考虑其他上下游企业，选择便于联系、相对均衡的地区，以利于企业发展，这也更容易使得整个产业链相关环节聚集；相反，产业链越松散，办公企业的自我决策能力越强，则会根据自己的利益选择最利己的区位。在企业选址的内外部联系因素中也可以看出，便于接触上下游企业的因素选项占到82%，明显高于第二位接近相关政府机构的因素选项（占33%），这一方面说明市场化主导下的办公企业非常注重服务意识；另一方面说明广州政府对企业干预较少，促使了公开、公平、公正的竞争。

通常来说，纵向联系企业的利润差异很大，从产业的微笑曲线[1]可以看出，位于两端的销售与科研利润高，中间的生产制造利润低，因此企业纵向的聚集程度通常比较低。而横向企业联系也受到产业发展的水平限制，发展越到后期，企业竞争越激烈，形成聚集性产业或大型企业才有竞争力时，企业越聚集。因此，实际上办公企业决策者会根据自己产业链发展的水平，按照联系从疏到紧的程度，从城市到地区，再到具体商业圈依次进行选择。如果产业链联系紧密，最后会根据主要的相关企业（需求商、供应商或政府决策部门）来确定大致的地段，由于各地段一般都有高、中、低类型的商务办公空间，所以在确定大致地段后，企业会依据其所处产业链位置选择具体的办公场所。

从现有广州市的调查中可以发现，大部分第三产业都处于发展初期，竞争较为缓和，分布处于分散状态，如科研、金融业与房地产业，而信息传输、软件和信息技术服务业及租赁和商务服务业联系则比较紧密。

对于科研、技术服务类企业，在广州市产业发展水平还没有形成围绕科技作为主要动力的阶段，竞争还不算激烈，大部分处于供不应求的状态。例如，建筑设计与城市规划企业，由于较为独立，与上下产业链的联系并不是很紧密，而且服务对象甲方位置难以确定，因此表现得较为分散。49家建筑甲级设计院中较老牌的设计院集中在老东山区、越秀区的越华路及小北路周边，而改革开放后成立的建筑设计院分布比较分散。那些集中的设计院早于改革开放成立，大多由政府统一划拨土地，历史原因占主流，因此不能看成是真正的聚集。而城市规划方向有数家甲级院：广州市科城规划勘测技术有限公司位于黄埔区科学城；广东省城乡规划设计研究院位于越秀区东风中路335号，现已搬迁至海珠区南州北路；广州市城市规划勘测设计研究院位于越秀区建设大马路1号；广东省建科建筑设计院有限公司位于天河区禺东西路38号。它们分别位于广州市的东南西北，更是体现不出聚集特征。

1　微笑曲线（Smile Curve）是经济学中用于描述产业分工与附加值分配的概念模型。这是一条像微笑嘴型的曲线，两端朝上。在产业链中，附加值更多地体现在产业两端的设计和销售上，处于中间环节的制造附加值最低。

国内金融业的竞争逐步加大，但与国外相比还有较大差距，各银行的总部虽然大多位于老城区及其周边，如广州市商业银行总行位于天河区广州大道北195号，广东发展银行总行位于越秀区农林下路83号，广州银行总行位于越秀区水荫二横路黄花岗街，中国银行广东分行位于东风西路197号，中国建设银行广东分行位于东风中路509号，中国农业银行广东分行位于珠江新城珠江东路越秀金融大厦，工商银行广东分行总部位于越秀区沿江西路123号，但也看不到明显的聚集态势。

房地产属于纵向上下产业链联系紧密、产业范围联系广的行业，但从纵向上看，几乎看不到聚集形态，企业选址往往以企业内部联系为主，如广州恒大房地产开发有限公司总部位于海珠区工业大道南821号，即恒大在广州主要的开发项目金碧花园内；广州富力地产股份有限公司位于珠江新城华夏路10号富力中心，选址在富力公司项目最密集的珠江新城地区；万科企业发展有限公司属于非本地企业，开发项目处于广州周边地区，较为分散，因此选址在广州中心区的二沙岛烟雨42号。可见，房地产企业主要是依据自身管理需要将下属企业或开发地块作为选址目标。

如前所述，租赁和商务服务业的广告、法律、包装等集中于商业会展周边，而中国移动通信集团广东总部所在越秀南路208号的全球通大厦（旧），周边就聚集了电信相关的采购、研发、生产企业代理处等企业。而信息传输、软件和信息技术服务业，科学研究和技术服务业则主要集中在天河软件园、科学城软件园等园区。

可见办公企业的聚集一般出现在聚集性较强的产业（如批发商业）或较大的核心企业（如大型通信公司）周边，这种核心产业或企业的带动效应十分明显。此外，设立专题明确的办公园区，对该行业企业聚集、交流，促进企业发展都是有明显好处的。不同于市场的短期调节手段，政府应该以长期调节为主，有目的、有规划地集中某些办公产业聚集办公，这是有利于办公企业聚集以及该行业发展的。

7.4.3 广州市商务办公企业的选址因素调查

由李江帆（2001）对于我国第三产业的依赖性分析可以看出，我国的第三产业主要还是建立在对第一、二产业的消耗上，消耗系数是日本、美国的1.5～5倍，而对于第三产业自身的直接消耗远远低于发达国家。这说明我国第三产业分工还不够专业化，企业间相互独立，第三产业之间形成的产业链也比较薄弱，从广州的现状来看也证明了这一点。无论是在一栋写字楼还是在一个片区，办公企业之间的关联度都不明显，而如果是服务于第一、二产业的则联系紧密，如以会展商业为核心聚集的商务办公空间。此外，我国第一、二产业发展还是建立在以资源消耗为主的产品基础上，技术含量低，价格竞争激烈，导致为第一、二产业的办公服务业技术含量不高。因此，广州大部分商务办公空间决策还处于对租金比较敏感的阶段，而办公企业间的关联效应、聚集效应等也多表现在办公企业与其他行业企业上，应该具体分析而不能简单统一归纳。

本书通过访谈广告、法律、商务等行业的30多家企业以及房地产中介来了解办公企业空间选址的决策过程，并通过定向的问卷调查（最终获得124份合格答卷）来分析决策因素，以研究商务办公空间聚集的内在原因。由于本次问卷调研的数量不够多，调查的客户类型有限，所以还不能按照各行业或者企业规模进行进一步的细化分析，只能从已有资料中进行分析。

1．知名度和声誉的重要性

声誉对于亚洲人及亚洲企业来说是非常重要的，这是亚洲文化的特点。由于租用这些写字楼的客户大部分还是属于发展阶段的中小企业，企业所处写字楼等级能证明企业的营利能力，体现企业在该行业的水平，企业的知名度需要借助办公场所的知名度来提升，也能带来更高级别的合作企业，这是文化内在的经济动力。从本次选择区位和知名楼宇的调查问卷中可以看出这种重知名度、重声誉的特点。

从办公企业选址原因统计（表7-4、表7-5）可以看到，企业选址主要因素是区位（87.10%），决策者认为企业应处于区域中心，处于交通便捷、环境良好的条件下。实际交谈中也频繁提到商务圈的区位概念，如在天河北、环市路、上下九街等商圈中进行对比后形成最后的区位决策。这说明一旦办公区域形成，会成为聚集的起点而不是终点。企业对周边服务设施的关注度低，这是企业着重从商业效率出发而不是公共环境需求出发的结果。但职员往往从生活要求和荣誉的角度对周边生活服务设施要求高，甚至

企业商务办公空间需求调研   表 7-4

问卷问题	选项及其结果统计
企业类型	信息、设计、咨询、广告服务业占43%，会计、法律占12%，贸易服务占23%，IT服务占9%，房地产占8%，其他5%
选择的办公场所	写字楼占81%、商住占9%、酒店占2%，其他8%
公司规模	20人以下占4%，20～50人占63%，50～100人占32%，其他1%
营业规模	200万以下占23%，200万～500万占67%，500～2000万占11%
主要考虑的交通工具	小汽车占77%，地铁占12%，公交占9%，其他2%
次要考虑的交通工具	公交占82%，小汽车占30%，地铁占12%，步行占5%
周边设施的要求	交通设施占73%，商业设施占34%，公园绿地占22%
物业要求	建筑立面高级占87%，停车场充足占62%，入口大堂豪华占43%，电梯厅时尚37%，24小时物业管理占36%
租金承受水平	50～100元/（m²·月）占23%，100～300元/（m²·月）占58%，300元/（m²·月）以上占9%，其他10%

来源：笔者问卷统计。

办公企业选址原因统计　　　　　　　　表 7-5

影响因素	区位因素		知名度因素		企业内外部联系因素		资金因素		政策因素		其他因素	
评分	87.10		85.48		64.52		25.29		24.19		16.13	
分类	因素	比例（%）	因素	比例（%）	因素	比例（%）	因素	比例（%）	因素	比例（%）	因素	比例（%）
主要因素	对外交通便捷性	90.32	知名品牌楼宇	92.74	便于接触上下游企业客户	82.26	租金合适	96.77	政府经济资助或退税	69.35	良好的建筑	93.55
	处于服务区中心	87.10	知名开发商	45.16	接近相关联的政府机构	33.06	交通成本较低	62.90	城市规划调整	64.52	浓烈的创新文化	69.35
	有良好的城市环境	71.77			便于招到员工	29.03						
次要因素	周边服务设施齐全	24.19	知名品牌物业	9.68	接近海外驻中国机构	24.19	便于吸引外部投资	7.26	政府政策鼓励	9.68	视频通信技术发展	29.03
					使用面积足够	19.35					偶然因素	22.58

来源：笔者问卷统计。

愿意放弃一定的经济收入进入既有良好区位、又有高品质公共服务设施的写字楼工作，这些写字楼级别往往更高。这种矛盾实际上已经被房地产开发商所考虑（详见5.5节），企业选址时也常常会综合考虑区位的综合因素。那些没有选择具有优质公共服务设施地区的办公企业，如选择在科学城的科学研发企业，会出现人员流动大的特点，一部分职员以此为暂时性工作地点，离开的原因大多是嫌该地区没有好的餐馆、医院、商场，生活不方便。

　　实际上区位并不仅仅代表交通便利，也包含了知名度、品牌、声誉、地位等社会效益的总和，因为在决策者的共识中，选择良好的区位也意味着带来良好的知名度和社会地位，这对于中小企业很重要。

　　85.48%的受访办公企业选择知名度作为主要的选址决策因素，对品牌楼宇声望的重视高于对开发商知名度的重视，对物业管理的重视偏低，这也说明声誉比实际楼宇的服务质量更被办公企业看重。不少企业为了保证企业的净盈利，在公司营利能力提高的同时还是租用等级较低的知名商务办公建筑，这也主要来源于对声誉的追求。

2．重视企业内外部的联系

企业内外部联系是为了便于接触到上下游企业客户，64.52%的受访办公企业选择企业内外部联系作为企业决策的第三个因素。办公企业所处行业在产业链的位置及其在该行业的位置，都直接关系到该企业的营利能力。服务于产业的两端即研发与销售，获利一般相对都较高，因此这类办公企业选择的弹性较大，有更大机会进入聚集区；而在第三产业中，银行、证券和保险等金融行业则处于三大产业的顶端，所以在租金最高的写字楼中看到最多的也是这类办公企业。对于微观的服务企业，如打印耗材、翻译、法律咨询等也会形成产业链关系，但这种产业链价格服务相似，因此会最终选择在某办公区域周边房租较低的楼盘。

商务办公空间的内外部联系决策可归纳为主要的两条线索：第一条即该企业产业链发展的水平，第二条则是其所处产业链的位置。前者由于产业分工的程度，决定办公企业上下产业链条联系的紧密程度，这也就决定了企业商务办公空间的聚集程度；后者由于企业发展的状态以及企业处于产业链的位置，影响着企业的盈利水平与付租能力，也就决定了企业选择在市中心办公还是在边缘地带办公。这两条线索是市场经济决定的企业在商务办公空间抉择时面临的主要问题。关联效应、企业规模等都是围绕这两条线索展开的，而通信技术的发展、面对面交流、人力资源等问题在企业最终区位决策中所占的比例较低。

3．租金及政策影响因素

对于中小企业而言，第三重要的选址因素是租金。一家企业按照其营利能力会划定主要的承受租金的范围，但在该浮动范围中，经济发展态势好的办公企业会选择承受范围的上限。办公企业普遍对政府政策非常关注。政府政策通常倾向于扶持大型企业，对中小企业常常鲜有惠及，因此中小企业选址很少考虑该因素，对政府的鼓励政策考虑得更少（9.68%）。由此可见，政府的鼓励政策如果想收效明显，应该多使用实在的经济或税收政策。由于在国内投资企业较少、投资范围不大，所以也很少有企业选址时考虑接近银行、基金等投资机构。

房地产升值速度较快，因为房地产在使用功能以外还有资产投资的作用，有不少自买自用的企业非常关注城市规划，对政府规划的信息非常重视。

4．良好的建筑形象等其他决策因素

在广州，对外服务性越强的办公企业越需要考虑写字楼的外形、装修质量以及入口大堂、电梯厅的空间细节等，而对其他比较实用的服务如24小时物业管理、智能通信设施、足够的停车场所则不太关心。这类企业以服务产业链高端企业为主，较为多见的有

会计师事务所与律师事务所、信息咨询与广告服务企业；而IT服务、科研等技术服务型的办公企业很少关注这类因素，而对停车场这类实际需求较为关注。

对于交通，办公企业主要从效率的角度出发，以小汽车为主，对公交的使用考虑较少，对地铁的重视主要是因为地铁站点已经形成区域性的综合节点，员工上班便利，便于形成招聘人员的优势，从而成为公共交通中的主要考虑因素。步行、飞机与火车交通的选项几乎没有企业选择。在交流过程中，办公企业普遍认为步行交通很好，但是由于还要涉及租房、环境改善等问题，认为不可行，所以才没有选择。

7.4.4 与国外商务办公企业选址决策的比较

面对面交流在美国纽约的商务办公空间研究中是商务办公空间聚集的主要因素。在调查中，企业决策者认为这是不可或缺的。面对面交流直接高效，提高了工作效率，更重要的是在双方的姿态、语言、表情中建立一种相互信任的关系，这对于企业来说是除了资金外最重要的人力因素之一。这种信任关系包含两种内容，即个人之间的信任关系以及技术上的信任关系。在广州这类开放程度和政府公开程度都很高的地方，对这两种关系的依赖相对来说较低，从而保证了一种社会的公开竞争的状态。随着国内诚信体系的逐步建立，这种面对面交流的数量逐步在降低，见面二三次后就开始合作，而不需要时刻保持联系。在线兼职平台如猪八戒网站的逐步壮大就证明了这点：当诚信体系与交易保障体系建立以后，工作是可以在素不相识的人之间展开的。因此，在广州面对面的交流并没有表现出对商务办公空间聚集的强大作用。

接近人力资源也是国外企业选址决策的重要因素。接近人力资源的优势主要是指在城市中心地区，人力资源的集中导致了供需双方的汇聚，进一步导致人力资源的汇聚，形成有利于企业汇聚的良性循环。对于国外人口老龄化、人数负增长、失业率低、服务产业分工高度专业化、员工素质要求高的发达国家来说，人力资源是至关重要的，招聘的员工决定企业的发展。而对于中国来说，办公企业技术要求不高，每年有大量大学毕业生。各类招聘的中介技术手段发达，从整体供大于求的就业形势来说，靠近人力资源聚集的区域并不会给办公企业带来多大的优势。此外，随着广州1997年建成第一条地铁之后，地铁建设飞速发展，1小时的通勤交通半径极大地被拓宽，人员流动的交通要素均质化，使得接近人力资源的区位优势更加不明显。

7.5 房地产开发企业的决策模式与影响

房地产开发企业的决策由于涉及金额较大，所以是很慎重的。他们都会作非常详细的市场分析，通过自己或委托专业公司编制可行性研究文件，详细收集整理相关数据，并深入分析要投入的成本以及能回收的利润。更复杂的研究还会对开发区域进行界定，进行需求分析、供给分析、市场潜力分析，判断需求是否强劲，进行吸纳率测算。有些细致的分析还会考虑到周边公共设施的作用、办公行业的发展特征与使用习惯，以及商务办公空间的创新设计，例如，SOHO中国推出的居家办公写字楼，大连万达集团推出的将办公、商业混合的万达模式写字楼。所以开发商制定的楼盘开发计划比起一般城市规划的控制性方案，要细致而全面得多，这样才能把握市场的走向，控制失败的风险。

但由于我国统计数据公布还不完善，大量数据需要企业自己收集整理与调研，无法保证数据的准确性。而且很多数据都来源于同等类型的建筑或同路段建筑的比较，没有考虑到楼盘建成后造成的波动与影响，因而往往会高估楼盘的营利能力。

劣势中最重要的一点是开发商的短视与利己行为。首先，房地产开发企业是非公共机构，追求单个建筑利益最大化，通过争夺有利资源，削弱竞争对手的竞争优势，谋求自身投资与开发的最高回报率是开发商的天性。而个体利益与整体利益往往难以统一，这必然会让城市发展忽略了整体利益最大化。此外，由于商务办公楼建成后通常会立即销售，追求资金快速回笼、减少失败风险的欲望往往会让开发商饮鸩止渴，导致未来优势的空洞化，这种现象在广州比较普遍。广州珠江两侧不断建设超高层写字楼，以一线江景吸引大量的买主或租客，导致珠江水面显得狭窄、拥挤，造成整个广州景观质量的下降。此外，压着道路红线建设、很少的街头绿地建设，都是开发商为了自身利益致使整体公共利益受损。各自为政的写字楼招商使得未来需要聚集的行业被争夺到各处，提高了整体产业链的整合成本。这些开发商的"劣迹"也造成了对政府引导的极大需求。然而政府机构的换届使其追求以短期项目建设为主，关注单个项目的引进与发展，忽视了长期、远期的整体利益，这必然为今后发展埋下较大的隐患。

总的来说，开发企业由于自身资金有限，融资渠道欠缺，所以追求最少投入、最大产出的资金回报，必然导致天生的开发视野的短视。主要街道建设费用由政府承担——最少投入（次要街道及支路通常由开发企业在地块开发时一同承担），主要街道人流、车流量大，广告效应强——最大产出，这就使得主要街道两侧成为开发企业追逐的开发地段，这也是广州商务办公楼沿公路干线呈线性空间布局的重要原因。

7.6　商务办公建筑"生态梯度开发"模式探讨

1. 生物群落概念的引入

生物群落指生活在一定的自然区域内，相互之间具有直接或间接关系的各种生物的总和。生物群落的基本特征包括群落中物种的多样性、群落的生长形式（如森林、灌丛、草地、沼泽等）和结构（空间结构、时间组配和种类结构）、优势种（群落中以其体大、数多或活动性强而对群落的特性起决定作用的物种）、相对丰盛度（群落中不同物种的相对比例）、营养结构等。

办公业的产业环境与生物群落有着非常相似的产业链（生态链）—资金循环（生态能量循环）的动力关系，也是属于范围可以大如城市（生态圈）小到街道（池塘）的一个系统性的环境（图7-23）。生态概念的引入主要是借助生态平衡的互动机制，来解决商务办公建筑的动态布局方式。生物群落的稳定性与动态性主要来自于物种的多样性。如果物种单一的话，当其中的一条生态链断裂时就会造成整个体系的崩溃，而多物种的环境下，这种生物链断裂的机会将大大减少。借鉴生态的多样性，商务办公建筑也可以建立梯度开发模式以适应不同的企业需求和动态的发展环境。

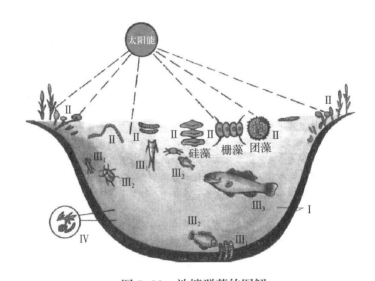

图7-23　池塘群落的图解

来源：高中生物学［M］. 北京：人民教育出版社，2010：86.

2.建筑的"生态梯度开发"模式

城市发展是一个动态过程，如图7-24所示。由于土地价格提高，开发强度也不断提高，香港九龙的建筑开发就经历了类似由多层到高层、超高层不断提高的阶段。因此，不应该以静态的视角进行控制，可以在初期控制建筑高度，不超过高层，以便今后重建。在经济迅速发展的今天，城市中商务办公建筑多年不变是不多见的。

在商务办公建筑的环境中也存在着如生物群落的等级性：企业支付租金的能力各不相同；初创的企业资金薄弱，大中型企业资金雄厚；产业链低端的保安、办公服务业利润低，产业链高端的金融企业利润高。对于这种需求的多样性，不能单纯从效益与形象角度出发只提供甲级写字楼，而是根据地段办公产业的发展阶段与区位交通条件等，设置不同的办公建筑形式。

根据前面章节的总结，可以在发展初期建设不高的混合型商务办公建筑，如商务酒店、综合型商业办公楼，甚至是商住楼，以建筑不同类型的梯度开发满足发展初期低端

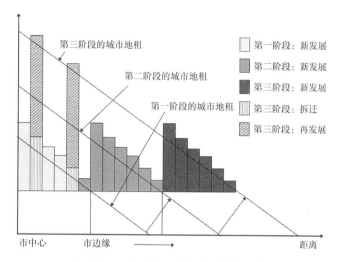

图 7-24　城市动态发展的空间结构

来源：摹绘自　丁成日．城市密度及其形成机制［J］．国外城市规划，2006（4）：9.

的办公业需求，并预留一定的开敞空间，一方面可以作为避难及休闲娱乐用地，另一方面可以作为进一步拓展或中转用地。在初期阶段，为了地段尽快发展，可以引入优势种群类型的大型办公企业，以带动形成周边的企业群发展。同时，配套商住的开发，使得整个"产业—生活"更加紧密地结合，适应初创企业忙碌的生活节奏。

在发展阶段，可以建设较高的专业化、半专业化写字楼，增加建筑梯度开发的高等级建筑类型，以满足提高的办公需求。之后可以将混合型商务办公建筑替换为专业化分工的办公—商业—酒店—居住类型，也可以垂直化分工，从上到下按照价值分布酒店—办公—居住—商业职能，以形成更为综合的开发梯度。

3. 聚集方式的"生态梯度开发"模式

办公建筑聚集可以按照以下四种因素形成不同类型的梯度开发模式：①上下游厂商的规模，也就是规模经济与集聚效益；②产业链联系紧密程度；③集聚发展的内向性与外向性，当企业内部聚集成本高于外部成本时，企业分散性强，反之内聚性强；④科技及资金的主要聚集作用。

（1）轴心开发模式。主要是众多办公建筑围绕核心的大型、特大型设施聚集，例如，在国内最大的展览中心——琶洲会展中心周边形成的以商务会展为中心的开发模式。这种形式涉及利益多、规模大，可以是政府主导，也可以是政府牵头下以多方利益结合的形式来开发。

（2）多核开发模式。以产业链中纵向或横向发展中的三五个大型企业或设施为核心，形成多纬度开发。在初期往往只有一个核心企业或相关产业，因此需要大力培育多个核心企业。例如，广州火车站的白马商场从服装零售发展成为以服装、皮具、鞋业为销售核心的，集商贸、广告、咨询等于一体的商业商务办公区。此种模式可以在有一定历史发展基础的区域进行开发。

（3）网络式开发模式。由于产品周期短，相对独立的中小企业会形成交叉网络模式，以紧密的产业联系、模块化的产品结构形成办公产业的集群。这在意大利北部Emilia Romagna和德国西部Baden Wurttemberg比较广泛。由于涉及企业多，利益不一致，政府难以直接领导，需要在以多方企业形成的跨部门协商机制下开发。

（4）政府主导开发模式。由于科技、资金投入大、风险高，特别是涉及基础研究领域的科技开发，企业难以负担，政府可以作为主导方进行聚集控制引导，并在全体企业开始盈利后回收开发投入。

综上所述，根据生物群落稳定性与动态发展的启发，结合商务办公建筑的职能布局特征，可从建筑与聚集方式两个角度提出建设"生态梯度开发"模式，以改变原有的静态一次性蓝图式规划方式。在不同的商务办公产业发展时段，以动态、水平与垂直分工的梯度开发；在不同的企业聚集驱动要求下，以轴心、多核、网络与政府主导的梯度开发模式满足不同需求。

7.7 小结

1．本章研究了广州市商务办公建筑的区域布局特征

从宏观上看，广州市办公建筑集中在越秀区、天河区和海珠区。在空间上这三个区形成"三驾马车"架势，在职能上，这"三驾马车"的分工却各有不同。

越秀区是老城区，是广东省和广州市的政府所在地，是重要的行政区域，同时也是商业及商务服务业最发达的区域，所以这里的办公建筑是以商业服务业为主导而聚集的。

天河区是新城区，是以信息传输、软件和信息技术服务业为主的新兴产业聚集地，所以天河区的办公建筑是以新兴产业服务业为主导而聚集的。

海珠区是受老城区的辐射影响发展起来的，是以琶洲会展为中心的会展经济区，所以这里的办公建筑是以为会展经济服务而聚集的。

2．广州市商务办公企业的职能布局特征

从整体上看，有三个特点：

商务办公企业职能两极化明显。在商务办公产业的五大类别中，企业数目最多的是租赁和商务服务业，最少的是金融业。

商业办公企业聚集呈双中心的"梭形"结构。天河区与越秀区的办公企业法人最多，两区的首位度集中，为1.16，成为双中心，处于第一层级；而海珠区、白云区、花都区、番禺区、荔湾区为第二层级；黄埔区、增城区、南沙区、从化区为第三层级。

商业办公企业经济效益呈"金字塔"双中心结构。天河区与越秀区的办公企业经济

效益远远高于其他十区，位于"金字塔"之顶，其他十区形成圈层分布，共分为三个层级。

3. 商业办公企业的选址决策因素与房地产开发企业的开发决策模式

商业办公企业的选址决策因素主要是重地区与楼盘的知名度及声誉，其次是重行业内外部的联系，中小企业也关注租金与政府政策。

而开发商则追求最低投入、最高产出的经济回报。所以开发商会出现为自身利益而违背公共利益的情况，如压着红线建房、损害环境效益等。因此，政府应该引导开发商从长期利益出发，以长远目光从事开发建设；防止开发商追求短期利益而损害长期发展。

本章最后，在总结商务办公建筑与企业需求的研究基础上，为满足商务办公企业链条各方面需求，建立稳定持续发展的商务办公空间，笔者提出了建立稳定与弹性的"生态梯度开发"模式。

第 8 章　广州市商务办公建筑的形态布局模式与动因

8.1　广州市商务办公建筑的布局形态

商务办公空间聚集主要表现为，以争取形象展示界面的线性布局、以产业聚集带动的点块状聚集。前者主要是以上下游联系不紧密的办公企业为主的布局形态，企业为了争取到更好的形象展示、扩大企业宣传而沿主要道路的布局，随着离道路距离增大，写字楼聚集数量急剧下降；后者主要表现为在核心产业周边聚集一批上下游相关的服务办公企业，形成一种生态稳定的聚集形态。较为明显的点块状聚集主要有：为商业服务而聚集的商务办公建筑，为政府政策支持的创业园而聚集的商务办公建筑，以及以高校为核心的为科技研发服务而聚集的商务办公建筑。

8.1.1　沿主要道路两侧线性分布为主

广州市写字楼的分布以市场化为主，除了珠江新城、白云新城之外，政府很少直接干涉写字楼的发展，写字楼更倾向于沿主要道路线性发展，如顺着沿江路、环市路、北京路、东风路、体育西路等。没有明显的区域集聚特征，即使在珠江新城区域发展了20年后的今天，商务办公建筑仍然主要沿黄埔大道、广州市中轴线两侧发展。五羊新城区域写字楼集中在寺右新马路两侧，实际上也是线性聚集。区域聚集相对比较明显的有火车站和琶洲这两个地区，核心是白马服装市场和琶洲会展中心。火车站周边自从改革开放以来，服装等消费业的发展促使白马服装中心的形成，随后鞋业、皮饰等批发市场不断进驻，商业服务带动办公业的发展，不断新建办公建筑，聚集程度不断增强，即使在广州东站运营起来之后也未能削减其聚集强度。琶洲因中国进出口商品交易会馆建设而兴旺起来，如中洲中心、保利世界贸易中心、南丰汇，但可以看到，这属于特例的发展模式。对比国外的区域型商务办公管理机构，如法国拉德方斯区通过拉德方斯区公共管理机构（EPAD）开发管理，英国伦敦加那利码头由多克兰区开发公司（LDDC）开发管理，即通过区域性开发管理机构或非营利公司来促成区域整体发展。可见在缺乏政府或大型开发机构管控的情况下，以个体房地产开发公司为主体的开发，必然导致广州市商务办公空间以线性布局形态为主。

8.1.2 以会展商业为中心的点状布局

广州市作为传统商业城市，写字楼的发展在初期非常依赖商业，特别是对外商业，具体体现在与广交会的发展联系密切。

自1957年在中苏友好大厦举办第一届"中国出口商品交易会"以来，海珠广场成为广州市的城市中心，也成为办公业的发展中心。1958年起义路新建3.5万平方米的陈列馆，成为第二届广交会的举办场所，七层设置了为商业服务的商务办公空间，如银行、保险等。会展经济发展迅速的同时，海珠广场周边聚集了一批商务酒店、写字楼，酒店服务于广交会。由于广交会规模不断扩大，海珠广场用地紧张，1974年广交会会址迁至广州体育馆西面的流花湖新馆，随后不少配套的酒店、写字楼和公司也纷纷选址于此，当时较为出名的商务办公空间有中国大酒店、东方宾馆等，主要设置了银行、商务服务、会议厅等。后来由于火车站服装批发市场的发展，以及白云宾馆、花园酒店等新酒店的建设，使得办公中心搬迁到环市东路，商务办公空间多为租赁的酒店房间、华侨新村的住改商及企事业单位的写字楼。随着2002年广交会的新场馆在海珠区琶洲建成，这个片区也逐步汇集了高级写字楼，如中州中心、广州香格里拉大酒店等。

查询广州市黄页（2010年）可以发现，流花湖展馆和琶洲展馆周边的租赁和商务服务办公企业类型主要有广告、展览、咨询服务、贸易公司、企业认证、劳务输出、印刷以及其他国内出口公司、海外公司的常驻代表处等，此外还有众多餐饮酒店业。以琶洲为例，其周边展览服务企业数量最多，占周边第三产业企业数量的17%，是广州展览服务业平均值5%的3倍多，餐饮与酒店企业数量占到28%。对比琶洲与流花湖，流花湖周边的企业发展无论深度、等级都比新城区琶洲要更加丰富，企业生态链也更复杂。除了广告与展览服务业以外，还有其他同类型展览公司，如意大利欧博兴展览公司、上海博华国际展览有限公司的广州代表处；更深层次的服务企业，如北京艾德惠市场调查有限公司广州分公司、新广人才交流服务有限公司；更高等级的服务机构，如中国对外贸易广州展览公司、广州五金矿产进出口有限公司、广州外资企业物资进出口公司；还有外国政府机构，如新西兰、丹麦及印度尼西亚驻广州总领事馆。可见与外贸直接相关联的企业在会展周边聚集，以企业的聚集形成商务办公空间的聚集，而且这种企业生态链一旦形成就很难改变。琶洲国际会展中心投入使用后的近10年间，虽然环境比流花湖好，但周边的服务企业依然较少，企业规模也不大，重要的相关企业驻地依然在流花路、人民北路，很少搬迁到新港东路。

从广州白马服装批发市场也可以看出，商业的聚集稳定化发展态势可以带动相关的办公服务业的稳定化发展。广州白马服装批发市场自1993年发展至今，日均客流量达数万人次，年交易额均在20亿元以上，在广州地区超亿元市场评比中排名第一。并且促使周边的专业批发市场不断发展，由服装延伸到鞋、箱包、皮具、钟表，甚至相关的模特衣架、五金辅料、布料、鞋材，不断促进专业化市场分类，如金宝外贸服装城、富骊外贸服装批发市场、南冠内衣袜业等，在白马服装批发市场周边聚集了红棉步步高、天马、流花、广控大厦、新大地等数家服装城。周边为服装批发商业服务的厂家代表处、出口服务商也因此聚集在一起，形成完整的产业服务链。广州火车东站1996年年底正式运营，地下商场多次进行服装招商，意欲建立一个服装批发集散地，但经过十多年的努力依然没有形成规模。

这也证实，为了促进与商业有关的商务办公空间聚集，必须优先促成大型商业企业的集聚，同时加强商业生态链条的建立。此外，商业产业生态链条一旦形成会较为稳定地发展，想在一个新的区域建立一个全新的商业产业集群比较困难。以会展、商业为服务对象的商业服务类型办公空间，也会同商业其他产业链一样，有较强的聚集性与稳定性，而且规模会随着商业的深度与广度发展不断专业化，不断增大。

8.1.3　以政府主导形成的块状布局

1．体育中心、珠江新城的块状专业化办公空间

体育中心是办公企业聚集最密集的地区，商务办公建筑围绕体育中心形成块状的专业化办公区，这也是广州最早形成的块状办公区。珠江新城也逐步成为第二个块状办公区域。从形成机制来说，这是政府规划控制引导的结果，从形态上来说，都是围绕中心空地——体育中心或中心公园形成的块状形态。

目前体育中心成为外资投资机构高度密集的地区。体育中心有直通香港九龙的快车，有到达内地主要火车站点的交通优势，体育中心周边良好的景观优势，以及丰富的商业配套设施，使得以中信大厦、高盛大厦、大都会广场为代表的甲级写字楼云集于此。外资公司资金雄厚且汇率高昂，常租用甲级写字楼的高层作为办公场所，而国内企业大多在天河路、体育西路、龙口西路等周边地区写字楼办公。体育西路主要以金融保险、商贸、专业服务等高等级、高利润的办公业为主。

1992年广州市政府委托美国托马斯夫人就珠江新城进行规划，1993年批准实施《广州新城市中心——珠江新城规划》，但在1996年上报国务院的《广州市城市总体规划（1991—2010年）》中没有提及中央商务区的概念。直到2003年版广州市总体规划明确提出，广州21世纪城市中央商务区的基本结构是"以体育中心四周和新城市中轴线珠江新城段商务办公区为硬核，以天河中心区和东风路、环市东路沿线地区为核心，以新城市中轴线南延地区为发展用地储备，以广州大道、江海大道（暂名）为内部交通轴的CBD"。有文章说，珠江新城是中国通过审批的三个中央商务区之一。随着广州亚运会的召开，富力盈信大厦、富力盈隆广场、富力盈泰广场、汇美大厦、高德置地广场等甲级写字楼，广州国际金融中心、广州银行大厦、利通广场、珠江城等超甲级写字楼的建成，以及中心公园、海心沙的建设，珠江新城成为广州最为靓丽的地区。

由于早期十多年的开发滞后，使得较多办公用地转为居住用地，办公建筑也倾向于开发为集合商住、商业、酒店于一体的混合型商务办公建筑，如富力盈力大厦、高德置地广场、广州国际金融中心。

2．政府划定的创业组团布局

广州市政府非常注重科技企业的培养，各区都相应划定了创业园区，如越秀区的黄花岗科技园，以及各种专业创业园，如广州市纳米技术信息中心、广州民营科技园、广州天河软件园、留学人员广州创业园等。各园区制定了相应的吸引机制，如留学生入职番禺区科技创业基地可获得最高50万元贷款贴息支持，10万~150万元资助，以及其他租房、购房补贴，30万元以下免税等支持，极大地促进了相关企业的聚集。这些企业由高科技工业，信息传输、软件和信息技术服务业等办公业态组成，市区的创业园由于没有工厂厂房。番禺区、白云区、黄埔区的创业园区高科技工业相对较多。

这些创业园区主要由区政府从社会租赁或直接兴建再出租给企业，但由于分属于各区政府的人力资源和社会保障部门或者科学技术局管理，园区较为分散，即使在同一个园区组团也很分散。例如，广州高新区黄花岗科技园、广州黄花岗信息园，是越秀区发展高新技术产业、现代信息服务业的主要产业园区，园区由高档写字楼宇为主构成的汇华、华盛、丰伟、云山、凯城、中侨、穗丰等10个产业基地，分别位于先烈中路、寺右新马路、中山二路、解放南路、起义路等，属于见缝插针式布局。这种政府划定的创业组团，由于特色并不鲜明，各种企业混杂，实际上并没有使得企业之间产生良性生态连接。所以，广州要在科技时代领先于周边城市的发展，应该着重于促进科技研发类企业的发展，尤其是促进高校周边科技型公司的孵化。

8.1.4　在科研院校周边聚集

研发型企业与大学有着不可分割的关系，著名的美国硅谷就起源于斯坦福大学内设立的工业园区。广州科研院校林立，在学校特别是研发能力比较强的高校周边经常会形成一些有特色的商务办公空间聚集，具有一定的典型性。本小节以华南理工大学、中山大学、广州外语外贸大学为例，探讨科研院校周边商务办公空间聚集的特点。

华南理工大学以建筑、轻工技术与工程、材料工程、通信工程、化学工程、食品科学等较为出名，其中与建筑相关的企业主要以效果图制作、打印社为主。效果图制作多以20人左右的小型公司为主，较为大型的公司如凡拓数码科技有限公司，2003年创办到今天已经发展为600人的团队；打印社主要以服务建筑系以及周边的设计公司为主，员工在30人左右。这两类企业主要集中在华南理工大学南门的五山科技广场。不同于上海同济大学周边聚集众多建筑设计和城市规划中小企业，华南理工大学周边的这类中小型企业较少，大部分都是附属于某大型设计公司以承接业务，这主要是由于广州设计市场竞争较激烈，一般小型企业没有甲、乙级资质无法获得项目。此外，华南理工大学周边也有较多的从事电子信息及网络的中小企业,集中在校区北区的国家大学科技园区和南门不远处的天河软件园,此外,新东方语言培训学校等培训机构占据了部分写字楼空间。

中山大学的生物学,以及工商管理、物理、人文地理等专业属于国家重点学科,研究实力较强,学校周边的新港西路也是海珠区东西向主干道,在这里聚集了众多相关的企业。生物类有雷得生物技术有限公司、回元堂生物科技有限公司等,企业管理咨询类有爱讯企业管理咨询公司、闻先企业管理顾问有限公司等,工程类有中大环境工程公司、中山大学建筑设计院、智博城乡规划咨询有限公司等,以及广州天涯在线网络科技有限公司、易天网络科技有限公司等著名公司。

在广州外语外贸大学周边则聚集着与外语培训、外语翻译有关的企业,如白云大道南的广东外语外贸大学翻译中心、广州外语人才市场咨询服务有限公司,以及一些中小型的人才中介公司。

可见各大学较在学校周边,面临主要干道的地区都聚集着相关商务办公空间,以智力型面向企业服务的科研技术、商务服务类型为主,聚集程度与城镇化率、学校所处城市的位置有关。例如,中山大学、暨南大学周边有城市主要干道,处于城市主要发展地带,周边相关企业聚集较多。华南理工大学与广州外语外贸大学相对较少,位置更为偏僻的广东商学院则更少。另外,其也与学校的产学研政策有关,鼓励高校老师创业、将研发直接转化成生产力的政策越多,周边企业聚集就越多,如中山大学和华南理工大学。而广东工业大学即使处在东风路与环市东路的黄金地段,周边的科研技术类型企业也很少。科研院校聚集的企业多为中小型企业,商务办公空间也主要以由高校提供的孵化类场所为主,这类商务办公空间租金较低,单个房间面积较小,企业规模发展较大时会迁移到周边更好的写字楼里办公。

相比于发展较好的上海,广州高校周边的研发商服类的商务办公空间的聚集强度还远远不够,还停留在以城镇化为引导、而不是以科技信息带领商务办公空间聚集的水平,可见广州商务办公空间的发展级别还比较低。

8.2 公共交通设施要素对商务办公建筑聚集的影响

城市道路是城市政府规划的重要市政设施,具有公共性和开放性,由公共税收支持,为市民使用而修建。城市道路已成为城市发展的"主动脉"。霍伊特(H. Hoyt,1939)提出的城市部门理论(Urban Sector Theory)指出,交通是指导城市形成的主要因素。商务办公建筑作为主要由市场支配的建筑类型,必然最大化利用公共资源,但公共交通对它的影响作用鲜有全面整体的研究。

直到20世纪末,特定走廊对土地推进的影响才被提出。Taaffe(1992)从宏观尺度上创立了"廊道效应"理论，认为城市功能集聚和扩散主要沿着城市干道发生，形成星状城市形态。傅伯杰（2001）从微观交通可达性出发提出廊道效应，包括廊道效应（即廊道的交通作用）和场效应（即廊道的径向影响）。前者主要是由于空间可达性的扩大，刺激了道路沿线土地的蓬勃发展；而后者则是由于提高空间可达性后对不同类型土地的分类吸引，最终导致土地功能的分类，如验证廊道对人口密度的磁性和排斥性效应。对于影响半径的研究，国内学者以500m和1000m作为研究范围，国外学者多以2000m作为研究范围。早期的案例研究主要集中在单一的交通线路上，如广州的广州大道，后来的研究范围逐渐拓宽，如长春市。

现有的廊道效应模型研究大多是基于土地利用的分析，往往包含土地的权属信息。事实上，土地使用也受到政府规划的影响。建筑能够真实反映市场建设情况，但往往被忽视；不同位置、不同类型、不同方向的城市道路会表现出不同的廊道效应和影响范围，而这些研究内容也往往被忽视。对这些可能性的深入分析可以促进廊道效应模型的深入和细化。

8.2.1　汽车交通线路的廊道效应

廊道包含人工廊道或自然廊道。人工廊道主要由各种交通线路组成，其廊道效应主要包括廊道效应和场效应（傅伯杰，2002），廊道效应在商务办公空间的表现，实际上是交通线路对商务办公空间的影响辐射的区域效应（图8-1），一般来说，廊道效应遵

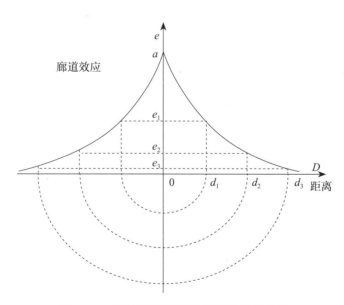

图 8-1　交通线路廊道距离衰减函数曲线

循由中心轴线向外随距离衰减的规律，理论上可以用对数衰减函数来表示：

$$D = f(e) = a\ln\frac{a \pm \sqrt{a^2 - e^2}}{e} \mp \sqrt{a^2 - e^2} \qquad (8-1)$$

式中：e表示廊道效应，D表示距离；a是常数，表示最大廊道效应。当距离由d_1扩展到d_3时，廊道效应由e_1降到e_3，且由中心向外呈带状排列。在广州商务办公空间是否真实存在该效应，需要进行实地考察验证。

1. 道路等级标准

参考住房和城乡建设部2016年发布的《城市道路工程设计规范》（CJJ 37—2012）（2016年版），将道路划分为快速路、主干路、次干路和支路四个等级（表8-1）。考虑到办公用地一般规模超过0.5hm²（70m×70m），次干路的道路间距仅为300m或500m，只能以70m为单位划分为4~7个部分。这些数字（4~7部分）太小，无法找出道路的影响半径，更不用说道路间距较小的支路。因此，本书重点研究高速公路和主干路，而不涉及次干路和支路。参照住房和城乡建设部2011年发布的《城市用地分类与规划建设用地标准》（GB 50137—2011），本次研究以商务办公建筑为主，包括金融、保险、证券、新闻、出版、文艺团体等综合办公场所。

四种城市道路的分类　　　　　　　　　　表 8-1

中国道路分类	设计速度（km/h）	道路间距（km）	道路宽度（m）	车道数（条）
快速路	60~100	1.6~2.4	40~45	6~8
主干路	40~60	0.8~1.5	45~55	6~8
次干路	30~50	0.3~0.5	40~50	4~6
支路	20~40	低于0.3	15~30	2~3

来源：《城市道路工程设计规范》（CJJ 37—2012）（2016年版）。

2. 广州市道路等级与构架

根据《广州市城市总体规划（2001—2010年）》的划分，城市道路系统由主骨架道路系统与基础性道路系统组成。城市主骨架道路系统的基本组成要素为高速公路、城市快速干路、交通性主干路。基础性道路系统是城市的筋脉，解决城市交通"达"的问题，主要为城市中短距离、内部交通出行服务，实现点与点之间的可达性。基础性道路系统的基本组成要素为主干路、次干路、支路。由于基础性道路等级低、数量众多，因此本次研究以主骨架道路系统为主，而没有对基础性道路进行细类研究。对于广州市二环路以内集中的写字楼（96%），如果不加以区分，不能显示出其内外特征，因此将二环以外的15条快速干道、2条环市路及8条快速联络线与16横、16纵交通性主干道分成四部分进行对比研究。

广州市的城市道路主骨架系统即以高（快）速路网为骨架，交通性主干道为辅助网络状结构体系。整个道路构架在路网结构上呈环形放射+方格网状，三大组团的主骨架道路系统总体布局为：

（1）中心组团道路系统布局形式以"两环"为核心、"两个半环"为补充、8条快速联络线与15条高（快）速放射线为支撑，"16横16纵"的交通性主干道组成环形放射+方格网状的主骨架道路系统布局。

（2）番禺组团主骨架路网形态与结构是以"五纵八横"的高（快）速路网为骨架，区域性主干道为辅助，以地区性主干道为基础的三级走廊型网状路网结构体系。

（3）花都组团主骨架路网形态与结构是以"三横五纵"的高（快）速路网为骨架，区域性主干道为辅助，以地区性主干道为基础的三级走廊型网状路网结构体系。

8.2.2　内缘区外高速公路

通过分析内缘以外的快速干道，即15条放射性快速干道上的办公建筑数量（在我们研究的参考范围2000m内）与商务办公用地面积的比值发现，外侧快速干道对商业办公如何聚集产生了罕见的影响［图8-2（a）、图8-3（a），表8-2］。2000m以内的办公楼有173栋，占16.91%。办公楼的最大覆盖距离为400m，超过1000m后建筑数量占比突然增加。办公建筑在400～1000m的距离范围分布均匀；建设用地与办公用地分布不同，行政办公用地呈规律性分布（在10%±4%之间略有波动）；然而，商务办公建筑与用地分布趋势较为类似。正如我们所看到的，廊道效应在400m范围内表现出来，而当它达

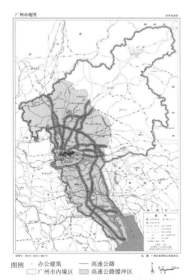

|（a）内缘区以外的高速公路|（b）内缘地区的高速公路|

图 8-2　高速公路分布图

来源：基于国家标准地图绘制，审图号：粤AS（2023）006号。

到800～1000m时，廊道效应再次发挥作用，这说明当范围在400m以内时，这些区域对办公建筑最具吸引力。具体来说，我们可以看到高速公路出入口的小型商业写字楼聚集区，如万达广场的白云、番禺分店，为了高速公路的便捷和低廉的租金，进入1000m后外围区域；如花都区、番禺区市桥等主要区域，随着人口的增加，商业写字楼的数量逐渐增加，尤其是2000m处。相反，它呈现出一种反向廊道效应，反向线性函数关系（1000～2000m）：$f(E)=11.505\ln(X)+7.3842$ [X为距离，$f(E)$为建筑物数量]，相关系数R^2为0.886，这表明它们严格相关。

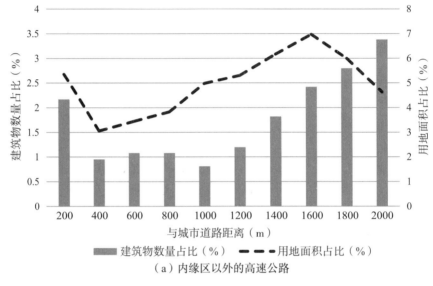

（a）内缘区以外的高速公路

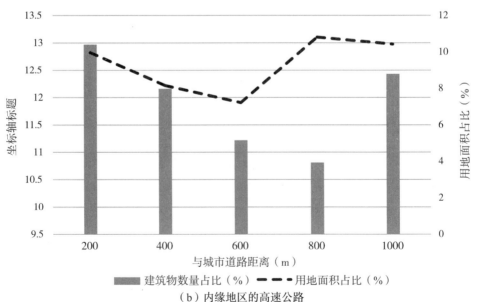

（b）内缘地区的高速公路

注：例如，200表示距离道路0～200m的廊道效应，400表示距离道路200～400m的廊道效应，依次类推。

图 8-3　不同位置高速公路的廊道效应

内缘以外高速公路的空间集聚   表 8-2

与城市道路距离 （m）	建筑集聚		土地集聚	
	建筑物数量 （栋）	百分比 （%）	用地面积 （hm²）	百分比 （%）
200	22	2.15	71.97	5.36
400	12	1.17	41.09	3.06
600	11	1.08	46.26	3.45
800	8	0.78	51.36	3.83
1000	9	0.88	66.80	4.98
1200	16	1.56	71.28	5.31
1400	15	1.47	82.79	6.17
1600	23	2.25	93.48	6.97
1800	26	2.54	80.45	6.00
2000	31	3.03	62.11	4.63
总数	173	16.91	667.59	49.76

注：为使数据具有可比性，所有百分比均按总数计算。建筑物的百分比是根据所有1023栋办公楼计算的。因此，建筑物的总百分比只有16.91%。同样是占国土面积的百分比，按照总面积1342.81hm²计算，占国土面积的总百分比差不多是49.76%。

8.2.3 内缘高速公路

广州内环快速路包括内环快速干道、环路快速干道、华南快速干线、北二环快速干道。8条快速联络线分别为增槎路、广园西路、永福路等［图8-2（b）、图8-3（b）］。高速公路对内缘区办公建筑的边缘吸引范围为1000m（表8-3），是15条对外高速公路200m的4倍多，说明高速公路的廊道效应在内缘区较为明显。其廊道效应公式为$f(E) = -19.77\ln(X) + 126.53$，相关系数$R^2$为0.970，表明两者联系紧密。大量的省、市行政机关驻地由政府划拨，位于中间位置，与快速道路关联不大，分布均匀，没有形成明显的廊道效应。此外，对比内边缘区和内边缘区外的土地使用情况，发现在办公建筑的分布上并没有明显的差异（内缘区的土地使用比例为23.92%），而在建筑数量上也存在差异（内边缘区的办公建筑比例为49.76%）。这说明周边地区土地租赁相对不密集，可能存在土地浪费现象。

高速公路在内缘的空间集聚 表 8-3

与城市道路距离 （m）	建筑集聚		土地集聚	
	建筑物数量 （栋）	百分比 （%）	CBF 用地面积 （hm²）	百分比 （%）
200	128	12.51	68.73	5.12
400	110	10.75	56.25	4.19
600	104	10.17	49.77	3.71
800	102	9.97	74.52	5.55
1000	94	9.19	71.90	5.35
总数	538	52.59	321.17	23.92

8.2.4 内缘干道

广州市内边缘区的主干道是通往市中心其他线路的桥梁，"16横"［图8-4（a）］和"16纵"［图8-4（b）］形成网格状布局，是环形快速干道的有效补充。与内缘区以外快速干道相比，主干道两侧的建筑数量（表8-4）几乎是前者的4倍，表现出廊道效应［图8-5（a）］，建筑聚集的廊道效应公式为$f(E)=-9.737\ln(X)+29.323$，其中相关系数R^2为0.936。虽然廊道效应最强，但相关系数低于内缘的高速公路，通过进一步分析，暗示这种差异是由各种道路模式造成的，可以概括为两个方向，即垂直方向和水平方

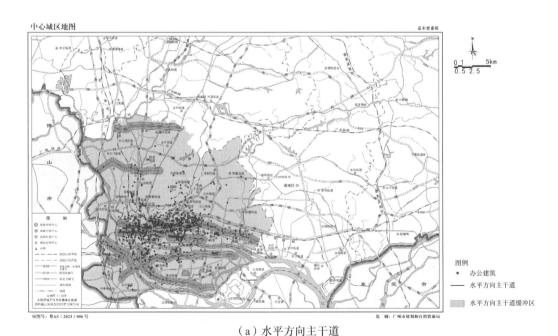

（a）水平方向主干道

图 8-4 广州市内缘区主干道分布情况

来源：基于国家标准地图绘制，审图号：粤AS（2023）006号。

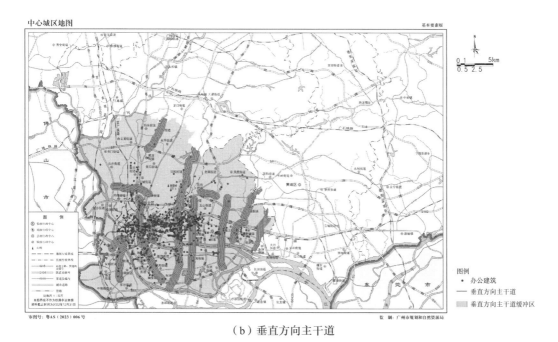

（b）垂直方向主干道

图 8-4　广州市内缘区主干道分布情况（续）

来源：基于国家标准地图绘制，审图号：粤AS（2023）006号。

内缘干道空间集聚度　　　　　　表 8-4

与城市道路距离（m）	建筑集聚		土地集聚	
	建筑物数量（栋）	百分比（%）	用地面积（hm²）	百分比（%）
100	171	16.73	148.32	11.05
200	154	15.04	143.23	10.67
300	119	11.65	123.43	9.19
400	90	8.77	109.32	8.14
500	81	7.89	102.62	7.64
总数	615	60.08	626.92	46.69

向。在土地利用方面，主干道两侧土地面积随距离变化平缓，廊道效应不明显，这也说明政府在制定土地利用规划时没有考虑廊道效应。

8.2.5　不同方向的主干道

为了了解廊道效应与城市结构之间是否存在关联，在此进一步探索具有显著廊道效应的水平方向和垂直方向主干道。通过GIS的缓冲区分析可以看出，主干道（水平方向和垂直方向）差异显著［图8-5（b）］：水平方向主干道两侧的办公建筑廊道效应显著。100m范围内办公建筑数量约占23.21%。当距离公路500m时，其所占比例迅速下降

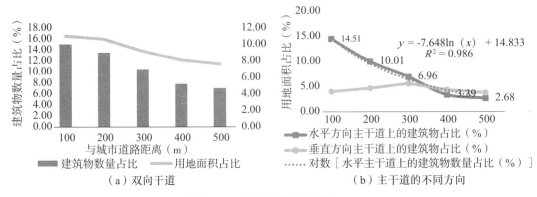

（a）双向干道　　　　　　　　　（b）主干道的不同方向

图 8-5　内缘干道空间集

到4.28%。因此，主干道的吸引边缘为500m，其廊道效应公式为$f（E）=-12.24\ln（X）$ $+23.732$，相关系数R^2为0.986，表明两者具有很强的相关性。垂直方向干道上的建筑呈水平扁平状分布。办公楼总数（道路附近100m）仅占办公楼总数的8%左右，未表现出廊道效应的峰值效应。将16条水平方向（东西向）和16条垂直方向（南北向）干道对商业办公面积的影响进行并列，可以看出水平干道对商业办公的影响明显强于垂直干道，指出廊道效应与城市发展形态是同步的。并且垂直方向的主干道路没有可检测的统计特征。最后，廊道效应的公式（8-1）是真实的。作为一个常数，广州内边缘的a值可达-342，e值为8.37～10.90，廊道效应的影响范围≤500m。

8.2.6　城市道路廊道作用机理

根据广州市交通规划研究院制定的《2020年广州市交通发展年度报告》和2006年广州市居民出行情况，2006年公共交通机动化比例（29.6%）比私人交通机动化比例（20%）高出近10个百分点，时隔近14年，随着私人小汽车消费量增加，到2020年，私人交通机动化率达到59%；公共交通下降了一半，只有14.3%。公共交通与私人小汽车交通不同，多样化的出行方式会在一定程度上动摇廊道的地位，因此有必要确定廊道效应的主要影响因素，以解决廊道效应的动力机制。根据以往的研究，用公交线网密度来表示公共交通，用上班期间的交通流量来表示私人小汽车交通。选择内缘廊道效应最明显的水平方向主干道作为研究对象（表8-5），通过相关分析和地理检测器研究机动车数量与公交线网密度之间的相互关系。前者分析价值之间的关系，后者进一步考察空间上是否也存在关系。

通过对水平干道进行相关性分析，基于95%的可信度，考察"相关系数$R=0$的检验临界（R_0）表"，可以得到$R_{0.05}（11）=0.553$，从公交线网密度与办公建筑的相关性分析表中发现，相关系数为0.37（表8-6），低于上述标准。这说明公交线网密度与写字楼密度之间没有必然联系。使用显著性t校验：$t=2.11$，$p=0.057$时，再次观察到相同的结果。因此，可以得出结论，道路周围的办公楼数量与公交线网密度不存在相关性。可以看到，办公楼数量与交通流量的相关系数为0.81，是公交线网密度的两倍多。因此，我们可以得出结论，影响廊道效应的内部因素为交通流量。

地理检测器风险因子检测的主要目的是判断自变量X是否存在显著差异（表8-7），以观察自变量X对因变量Y的空间相关性，其值用Q表示。由表8-7可知，公交线网密度的Q值为0.2294，且处于0.6049的低置信水平，而交通流量的可解释性达到0.7448，置信水平低于0.05。这说明交通流量与廊道效应之间存在相关性，而公交线网密度与廊道效应之间不存在相关性。

部分水平方向主干道情况　　　　　　　　　表 8-5

道路名称	500m 范围内道路周围的办公楼数量（栋）	总线网密度（km/hm²）	交通流量（标准车/h）
东风路	97	35	3620
中山路	93	23	2480
天河路	116	28	3600
桓世东	72	17	3150
寺右新路	28	26	1960
新港路	69	12	2750
中山大道	112	33	3480
花城大道	32	29	1980
工业大道	32	19	1750
解放大道	62	30	2600
江南大道	42	18	3620

交通廊道效应内在机制的相关性分析　　　　　表 8-6

相关分析	办公楼数量（栋）	总线网络密度（km/hm²）	交通流量（标准车/h）
办公楼数量	1	—	—
总线网络密度	0.37	1	—
交通流量	0.81	0.193	1

风险因素调查统计　　　　　　　表 8-7

相关分析	总线网络密度（km/hm²）	交通流量（标准车/h）
q统计量	0.2294	0.7448
p值	0.6049	0.042

相互作用检测结果 表8-8

相关分析	总线网密度（km/hm²）	交通流量（标准车/h）
总线网络密度	0.2294	—
交通流量	0.2273	0.7448

地理检测器的交互作用检测（表8-8）是识别风险因素之间交互作用的工具，可以评估一个或多个独立变量的重要性。从表8-8可以看出，两者的联合作用值仅为0.2273，低于两个事实的独立作用。结果表明，总线网密度与交通流量的交互作用对廊道效应的影响低于单一变量的影响。

研究发现，首先，城市道路对建筑和土地利用的集聚效应表现出多样性。高速公路各缓冲区用地与建筑的相关性不明显，尤其是内缘以外的区域，说明该区域政府主导的用地布局没有反映市场需求。然而，这种情况在内部边缘中是相反的。例如，无论是高速公路还是主干道，土地和建筑的集聚都表现出一定的关联性。可以认为，在市中心，无论是土地还是建筑，都能体现市场需求和遵循城市道路的廊道效应，而在城市外围地区则不明显。

其次，就建筑聚集而言，不同位置、不同类型的道路所产生的廊道效应是不同的。1000m以内的内缘区外高速公路不存在统计上显著的廊道效应，但在内缘以外1000~2000m范围存在明显的反向廊道效应。内缘高速公路可以观察到廊道效应，但与内缘干道相比，廊道效应不明显。内缘干道两侧400m范围内聚集的建筑物总数达到534栋，是内缘高速公路的两倍多。高速公路的廊道效应最弱。内缘高速公路的影响半径约为800m，而内缘干道的影响半径仅为高速公路的一半，约为500m，内缘干道的廊道效应最明显，但效应半径最小；城区主干道具有廊道效应，且作用半径大于内缘干道；内缘以外的高速公路具有反向廊道效应，且效应半径最大。

最后，不同方向道路的廊道效应表现出不同的效果。对水平方向主干道（东西向）影响明显，对垂直方向主干道（南北向）影响不明显。由于广州在南北方向上被河流（珠江）阻挡，城市一直在东西方向上发展。即使在交通便利的今天，也只重视广州大道、工业大道等地方南北向主干道的发展。因此，城市的地理位置可能导致廊道具有天然的屏蔽效应，并可能滋生一些历史惯性。廊道效应的影响范围和效应的归纳如表8-9所示。

不同等级、位置和方向的廊道效应 表8-9

道路等级	位置	道路特征或方向	廊道效应	作用半径（m）
高速公路	在内边缘之外	放射状地层	无廊道效应	0~1000
			反向廊道效应	1000~2000
	在内部边缘	环形地层	显而易见	800

道路等级	位置	道路特征或方向	廊道效应	作用半径（m）
主干道	在内部边缘	水平（东西）方向	显而易见	500
		垂直（南北）方向	没有	没有

通过分析建筑物数量集聚、公交线网密度、水平干道交通流量等数据的空间相关性，说明廊道效应主要受私人小汽车交通的影响，其中水平干道的廊道效应最为明显。为了更好地发挥廊道效应，政府应从以下两个方面进行改进：一方面，可以利用本研究发现的特点，调整主干道的结构和方向，改善商业办公空间的布局；另一方面，应在深入研究高速公路周边地区和城市主干道两侧的基础上，利用廊道效应调整开发强度，避免对不同道路采用相同的地块控制方法。

廊道效应促使城市交通车流集中，有利于为步行活动留出空间。但车流过于集中，容易造成道路拥堵。因此，城市交通的改善措施如下。首先，要加强主要交通廊道的优化，通过减少路口数量或设置立体交通线，降低路口拥堵概率，提高通行效率。其次是在廊道两侧设置停车库等交通转换设施，减轻交通压力，同时利用步行、自行车等交通方式解决道路两侧500～800m范围的交通问题。最后是加强公共交通吸引力。根据私人交通流量和流向，及时调整公交线路，优化停车站点设置，缩短通行时间，设置中巴车等接驳线路，减少公交转换频次，方便办公出行。

8.3 商业空间对商务办公建筑聚集的影响

本小节重点以《广州市商业网点发展规划（2003—2012年）》所确定的10个大型购物中心，即天河城正佳购物中心、海珠城购物中心、中华广场购物中心、荔湾广场购物中心、琶洲购物中心、白云新城购物中心、花花世界购物中心、长隆购物中心、广州新城购物中心、南沙购物中心，以及20条重点商业街，即北京路步行街、上下九街步行街、珠江滨水风情休闲街、农林下路商业街、中山路商业街等为考察对象。对于这10大购物中心及20条商业街的研究，是以它们为中心点，800～2000m的范围，200m为一个级别进行缓冲区分析，研究办公企业是否有以商业中心或商业街为核心的聚集效应，研究范围以内缘区为主。

8.3.1 大型购物中心的影响

10个购物中心是广州市主要的零售点，其中南沙区与番禺区的2个不在范围内，内缘区有8个购物中心，这些大型购物中心通常规划以区级2000m以上作为服务半径，因此选择以2000m缓冲区为边界（图8-6）、200m为一个等级作统计。其中2000m半径内的写字楼数量占写字楼总数的81%，在0～2000m范围呈现明显线性相关，相关系数R^2=0.8754，经过相关系数的假设检验，t=6.1810，p=0.0002，可以认为写字楼数量与大型购物中心距离存在明显直线关系。

运用回归分析方法，得到内缘区大型购物中心（图8-7）写字楼数量=0.0438×到商场的距离+11.667，回归系数的标准误差为0.0041，且相关系数R^2=0.8898，对回归系数再进行假设检验，使用显著性t校验t=5%时，p=0.0002，该公式满足置信条件，公式成立。也就是说，当距离大型购物中心每增加1m，写字楼的数量增加0.0438个单元；

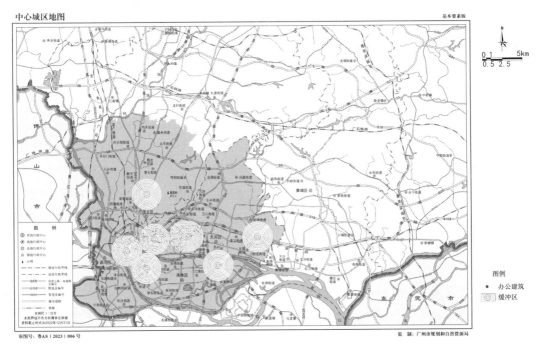

图 8-6　广州市内缘区大型购物中心缓冲区分布图

来源：基于国家标准地图绘制，审图号：粤AS（2023）006号。

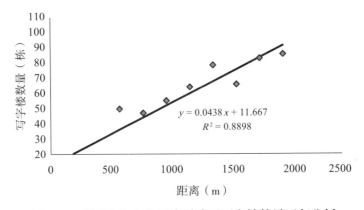

图 8-7　大型购物中心周边缓冲区写字楼数量回归分析

R^2=0.8898表示该回归的数量变化公式可以解释写字楼的数量随着大型购物中心距离变化的置信度为88.98%，可见写字楼的分布与大型购物中心呈现反相关性，写字楼不围绕大型购物中心进行聚集，而是随着与购物中心的距离增加而数量不断增加，但是在1500～2000m的范围出现下降。

按照缓冲区内聚集的商务办公楼的数量与圈层的面积可以得到建筑密度分布（图8-8），从中可以看出，在大型购物中心也出现了类似道路的廊道效应，而且用指数方程$y =10.245e^{-3E-0.4x}$可以准确地说明这个趋势，R^2为0.5068也说明该公式置信条件与数量回归相比差距较远；400m、600m出现较大波动，主要作用范围为800～2000m的半径，影响范围大，说明大型购物中心对商务办公建筑的分布具有一定的影响。

8.3.2　重点商业街的影响

广州20条重点商业街中除了大沙地商业街、番禺市桥商业街、广州新城商业街、增城挂绿商业街、花都商业大道商业街、从化西宁路商业街6条不在内缘区，其余14条商业街都在本次研究范围内。由于这些重点商业街以步行街的形态为主，因此在缓冲区设置上以步行较为轻松的500m为半径、100m为一个级别进行统计（图8-9）。

从最后的GIS统计结果来看（图8-10），重点商业街对写字楼集聚作用不明显，R^2仅为0.0016，对比2012年[1]做数据比较相差悬殊，说明随着老城区写字楼建设遍地开花，与初期和商业建筑紧密关联的情况已不复存在。

8.4　行政办公设施对商务办公建筑聚集的影响

城市行政中心对周边土地有着重要影响，较为著名的有城市地域空间结构理论，该

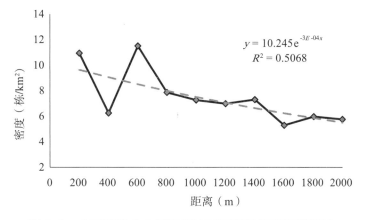

图 8-8　大型购物中心周边缓冲区写字楼集聚密度统计

1　2012年算结果为指数方程$y = 288.84e^{-0.523x}$，R^2为0.8651。

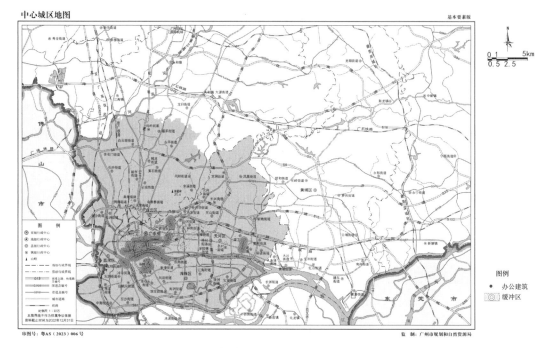

图 8-9　广州市内缘区重点商业街缓冲区分布图

来源：基于国家标准地图绘制，审图号：粤AS（2023）006号。

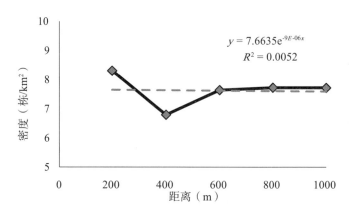

图 8-10　重点商业街周边缓冲区写字楼聚集密度统计

理论指出城市土地利用是围绕城市中心进行的空间组织。著名的阿隆索城市土地价值理论也认为城市扩张是以城市中心为核心圈层进行推进的，可见行政办公中心的作用之强。

8.4.1　行政办公中心整体影响作用

1．国内行政办公中心的影响

通过对广州市10个区（缺乏增城区、从化区用地资料）的用地指标之间的相关性分析，在相关系数R^2为0.01、可解释99%的数据条件下，在进行R^2绝对值大于0.709的相关性核对后，发现公共设施用地之间以及与办公用地之间相关性较为复杂：行政办公用地与商业设施、体育设施、医疗卫生设施有着紧密联系，与文化娱乐设施有着较弱的联系。商业设施还与文化娱乐、医疗、体育设施以及居住用地有着紧密联系。医疗卫生设施与行政办公、文化娱乐、商业设施联系紧密，与体育设施以及居住用地没有任何相关性。而体育设施除了与行政办公用地关联之外就是与居住用地关联，与其他用地关联较弱。教育科研设施属于比较独立的，除了与文化娱乐相关联外，没有其他联系。由整体土地关系可见，与商务办公空间紧密相关的是商业、体育与医疗设施。

由于整体的用地相关性分析无法区分市属办公和非市属办公用地，因此需要首先区分两者之间的关系。在ArcGIS上应用GIS缓冲区分析技术（图8-11），选取广州市10个区政府以及广州市政府、广东省政府合计12个中心点，以该点建立0～2000m范围、200m为空间间隔的5个缓冲区的影响区域，对办公建筑土地利用现状进行分析，分析行政办公用地是否有以城市行政中心为核心的聚集效应。

由图8-12可以看出，对于行政中心，写字楼的聚集主要在距其1200m附近，下降至1400m后保持大致的水平位置，可见1400m以后行政中心的影响力消失，写字楼呈平稳分布。

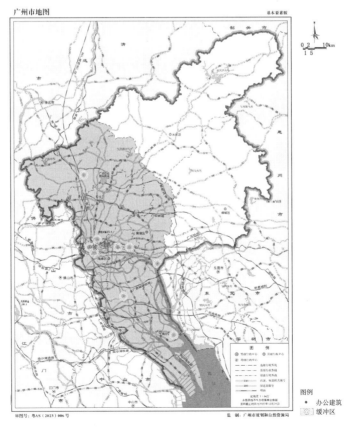

图 8-11　广州市内缘区政府机构缓冲区分布图

来源：基于国家标准地图绘制，审图号：粤AS（2023）006号。

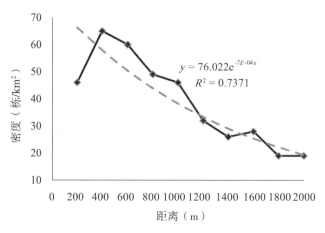

图 8-12　政府机构周边缓冲区写字楼聚集密度统计

2．外国领事馆的行政办公中心聚集

广州作为外国领事馆汇集的地方，地位仅次于北京与上海，是南方地区的管理中心。由表8-10可见，外国驻广州办事处的分布与写字楼的分布惊人地相似。在流花湖地区主要集中着较早在中国设领事馆的国家，其驻地主要在流花路上的中国大酒店，其中美国甚至在1990年后迁回新中国成立前美国驻广州的地点——沙面。环市路与天河体育中心也先后汇集了外国在中国的领事馆，在环市东路339号的广东国家大酒店就入驻了德国、法国、英国、澳大利亚领事馆。其对面的花园酒店则入驻了日本、泰国领事馆以及美国领事馆的新闻文化处。在天河的领事馆驻地则主要位于中信广场。在这些领事馆的周边有众多的贸易、移民、教育与文化交流的办公企业，国外领事馆入驻的都是当时最好的写字楼。一方面显示其优越的地位；另一方面也是由于这些高级写字楼保安设施齐全，安全防范性能较好。

广州领事馆分布统计表　　　　　　　　　　　　　　　表 8-10

地区	设立领事馆国家
流花湖地区	美国（1990年后沙面）、加拿大、丹麦、印度尼西亚、新西兰
环市路地区	日本、德国、英国、澳大利亚、印度、泰国
天河体育中心周边	意大利、瑞典、韩国、新加坡、俄罗斯、奥地利

来源：中华人民共和国外交部外国驻华领事机构信息［EB/OL］.［2023-03-29］. https://www.mfa.gov.cn/web/lbfw_673061/lsgmd_673079/index_4.shtml.

8.4.2　行政办公中心周边写字楼聚集分析

广东省政府与广州市政府500m范围内的商务办公建筑主要有金安大厦、嘉业大厦、东照大厦、广东大厦、广州大厦、瑞兴大厦、新保利大厦等50多栋写字楼（图8-13），主

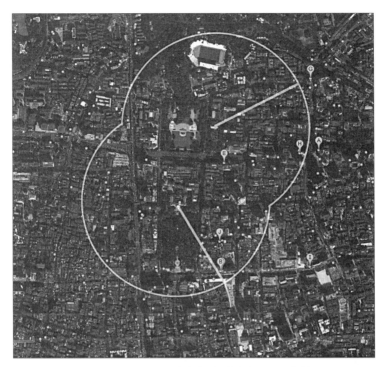

图 8-13 行政设施对商务办公空间的影响范围

要以房地产、金融投资、咨询及旅游行业为主，此外还有销售代表、法律、广告、培训、物流等行业。其中，金融投资行业，嘉业大厦的广州交通投资有限公司主要投资新机场、高速公路、轻轨；瑞兴大厦的广东高鑫资产托管有限公司主要提供企业资产的受托管理及投资咨询服务；广州大厦的北京九都技术投资管理顾问有限公司主要提供技术转让及服务技术咨询等服务。房地产及咨询公司有嘉业大厦的广州金鹏置业有限公司、正杰建筑科技开发咨询服务中心，以及瑞兴大厦的中理（广州）咨询服务有限公司、广州市浩基房地产物业咨询有限公司等。对于这些大型的投资公司、房地产公司，企业效益与政府政策紧密相关，与政府部门联系紧密，因此主要选择在瑞兴大厦与广州大厦办公，以便靠近政府部门。这属于产业链的企业内外部联系的需求。

老城区的中轴线周边，旅游服务业也较为集中，南湖旅行社总部就位于广卫路18号南湖旅游大厦。此外，还有众多营业部，如新宝利大厦的广州招商国际旅游公司中山六路营业部、广州大厦的广州远景旅行社有限公司广州门市部等，说明办公企业聚集除了与产业链的关系紧密以外，还与服务对象密切相关。

8.5 体育设施对商务办公建筑聚集的影响

体育设施作为生活配套的公共设施可以分为三部分：市级的大型体育设施、区级的体育中心，以及居住区级的运动场馆。根据广州市总体规划的要求，各区设1或2个区级体育中心，每个规划用地8万～10万平方米，具体布点为：海珠区的洛溪大桥北桥头西侧，天河区的龙洞，白云区的太和、江高，芳村区的海中村。广州市结合旧城改建，适当增加了体育运动场所，同时结合新区开发，规划建设居住区级群众性体育运动场地约20处，每处服务人口5万，设1个运动场和1个游泳场。本次研究主要涉及市属与区属的体育设施对商务办公空间的影响。大学园区虽然在大型比赛时对外开放，但平常主要用途仍是内部使用，对外使用较少，因此没有纳入统计。

　　市、区级体育中心通常影响范围较大，以市区为吸引范围，因此研究制定的缓冲范围较大，为0～1400m、200m为一个级别进行缓冲区内建筑分布的密度分析（图8-14），分析商务办公空间是否有以体育中心为核心的聚集效应。从最后的统计（图8-15）分析来看，200～1000m的商务办公建筑分布密度均匀，写字楼布局与体育设施关系不明显。

8.6　医疗卫生设施对商务办公建筑聚集的影响

　　医疗卫生设施作为生活配套的公共设施也可以分为三部分：市级的大型医院设施、区级的医疗中心，以及居住区级的卫生院、门诊。市级的大型医院设施又按照设施与医疗水平评为三甲、二甲及一甲医院，广州市有66家甲级医院，其中三甲医院33家，是本

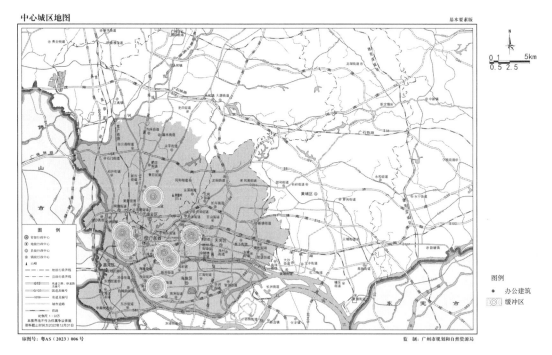

图 8-14　广州市内缘区体育设施缓冲区分布图

来源：基于国家标准地图绘制，审图号：粤AS（2023）006号。

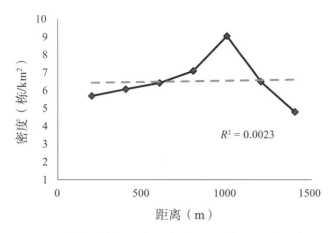

图 8-15　内缘区体育设施周边缓冲区写字楼聚集密度统计

次研究的对象。由于这些医院的影响范围较大，常常吸引广东省甚至全国范围内的病人就医，因此研究的缓冲范围最大，以0～2000m范围、200m为一个级别进行缓冲区内分析（图8-16），分析商务办公建筑是否有以医疗卫生设施中心为核心的聚集效应。

　　最后由图8-17可以看出，在距离医疗卫生设施200～600m时，商务办公建筑的密度陡然下跌，说明商务办公建筑对医疗卫生设施在600m内有较强的排斥作用，600m是写字楼与大型医疗设施的一个最佳距离。在600～2000m，医疗卫生设施对写字楼都呈现

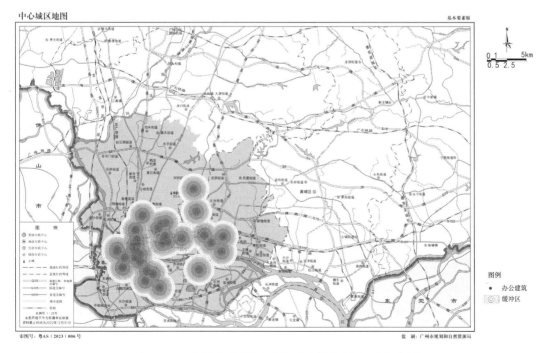

图 8-16　广州市内缘区医疗卫生设施缓冲区分布图

来源：基于国家标准地图绘制，审图号：粤AS（2023）006号。

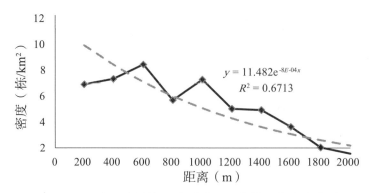

图 8-17　医疗卫生设施周边缓冲区写字楼聚集密度统计

出明显的吸引作用。在600m以外，医疗卫生设施对商务办公建筑的聚集密度可以用方程式 $y=11.482e^{-8E-0.4x}$ 表达，由于此时 R^2 为0.6713，相关性明确，公式成立。

8.7　公共开敞空间对商务办公建筑聚集的影响

从广州市整体公共设施分析来看，商务办公空间与绿地面积没有相关性，但与公共开敞的绿地、广场空间是否在微观上存在一定的空间关系，本节将进行相关研究探讨。研究以市、区两级的公园、广场作为中心，以0~2000m范围、200m为一个级别进行缓冲区内分析（图8-18），分析商务办公空间是否有以公共开敞空间为核心的聚集效应，

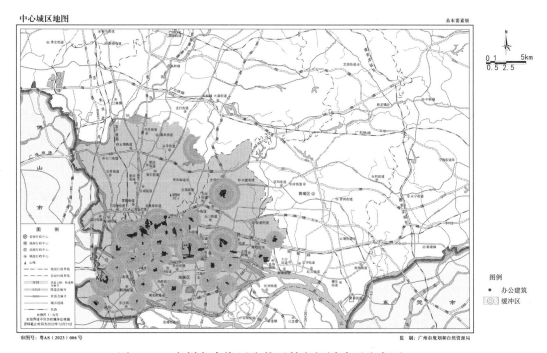

图 8-18　广州市内缘区公共开敞空间缓冲区分布图

来源：基于国家标准地图绘制，审图号：粤AS（2023）006号。

以及商务办公空间与公共开敞空间是否存在价值联动关系。市级公共开敞空间虽然数量少（8个），但对写字楼的吸引数量比众多的区级（19个）开敞绿地总和还多，由周边缓冲区写字楼数量均值统计图（图8-19）可以看出，单个市级公共开敞空间周边聚集的写字楼数量与单个区级公共开敞空间周边聚集的数量相类似。

由公共开敞空间周边缓冲区写字楼聚集密度统计图（图8-20）可以看出，密度线条呈现上下波动的线形，这表明无论市级的还是区级的公共开敞空间对商务办公建筑都没有明显的吸引作用。

从广州市公共开敞空间周边有较为密集的商务办公空间聚集的区域来看，都是经过政府规划预先控制的，如天河体育中心与珠江新城，自发形成的较为罕见，主要原因在于公共开敞空间塑造的氛围通常较为休闲缓慢，与商务办公空间的紧张高效形成一定的

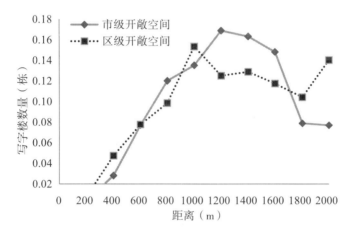

图 8-19　公共开敞空间周边缓冲区写字楼数量均值统计

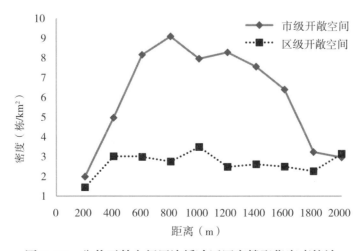

图 8-20　公共开敞空间周边缓冲区写字楼聚集密度统计

对比；而且使用人群也不一致，公园主要面对游客和市民，而商务办公空间与商业联系更为紧密。

8.8 小结

本章主要从城市规划可以控制的公共设施角度出发，研究城市公共设施对商务办公空间的作用、影响范围与影响力度，以便今后规划时可以通过控制公共设施的布局与建设来引导商务办公空间的建设与发展。

经过量化分析可以发现，商务办公空间倾向集中于与城市发展方向平行的高效运行的交通性主干道两侧。大型商业设施、行政设施对商务办公建筑的吸引力较强，重建商业街道、体育设施与公共开敞空间对商务办公建筑的聚集没有明显的作用关系，医疗卫生设施呈现出600m以内排斥商务办公建筑、600m以外与商务办公设施聚集有着密切联系的双面特征。并且通过具体量化研究，掌握了公共服务设施对引导商务办公建筑聚集的距离与聚集密度的方程式，可供城市规划研究时参考应用，也可应用于其他城市的相关研究。

第9章 广州市商务办公建筑开发强度布局模式与动因

商务办公空间随着经济的发展而发展，商务办公建筑开发强度在地价、租金等经济因素的诱导下不断增加，广州市办公建筑已进入高强度、高聚集的发展阶段。而在城市环境中，办公建筑的开发强度不能无限提高。办公建筑建造费用高，建筑能耗高，维护费用更是惊人，因此必须对影响商务办公建筑开发强度的要素进行分析。

国家与地方的建筑及城乡规划法律规范等对办公建筑开发强度的控制是城市规划管理的主要依据，一方面要符合城市经济发展水平，这是决定开发强度的重要的经济推动力，另一方面要符合良好环境的要求，符合日照等建筑间距的要求，本章立足现有城市规划与建筑法规（政府管制）、开发盈利水平（市场推力）这两条主线探讨办公建筑开发强度的形成原因。

9.1 广州市商务办公建筑开发高度不断增加

改革开放前，城市生产以工业为主，科技商业贸易不发达，对单独的商务办公空间还没有大规模的需求，通常企业办公都在企业内部解决。在城市规划中意识到办公用地的重要性也较晚，即使1984年广州市规划的第14轮方案也还没有出现办公用地图例，前13轮的商务办公空间用地通常在市中心。直到1990年建设部颁布《城市用地分类与规划建设用地标准》后，2010年规划修编时才增添了商业办公用地的图例。

随着商务办公空间的迅速发展，办公建筑的平均建筑高度也不断提升，广州商务办公空间发展的过程也是标志性建筑不断增高的过程。广州在20世纪大部分时间里，都是国内高楼的领跑者。早在1937年建成的爱群大厦高64m，是当时全国的第一高楼。作为中国首家五星级宾馆，白云宾馆建成于1976年，以120m的高度成为岭南派风格的现代建筑典范。1992年落成的198m的广州国际大酒店，通过当时先进的模板施工体系，创造了3天即成的速度，后来被广州人称为"63层"，这也反映出广州人对其高度的自信。1997年，香港刘荣广伍振民建筑事务所设计的391m高的天河北路中信大厦，将这座城市的最高建筑高度一举提升近200m，并问鼎亚洲最高楼。很快，这里成为知名跨国公司在广州的首选办公地点。随后，仅在珠江新城核心商务区内，就有5栋300m以上的摩天大楼。原本规划建成18栋200m以上的高楼，后来150m以上的高楼就多达50多栋。其中，2010年建成的由英国威尔金森设计事务所与奥雅纳联合体设计的广州国际金融中心（西塔）高440.75m，取代中信大厦成为广州市的第一高楼，位列中国大陆第二位，世界第七位。2009年9月28日东塔项目也破土动工，在2016年建成，高530m。白鹅潭地区更是规划建设高600m的摩天大楼。

9.2 广州市商务办公建筑开发强度布局特征

9.2.1 以高层建筑为主

据笔者统计，广州超过100m的超高层建筑有160栋，24～100m的高层超过400栋，低于24m的写字楼约为50栋，可见高层写字楼是写字楼的主要形态。建筑平均高度主要从中心城区向周边城区递减，与广州市建筑密度控制区分布相统一，这也是政府通过法规控制的直接结果。此外，超高层建筑作为城市标志性建筑，是市场价值最高的房地产开发项目，也是市场承认的价值制高点。目前建筑高度最高的是珠江新城东塔530m。前10位的高楼分布在：珠江新城4栋，环市东路3栋，中山路2栋，天河北1栋。从最高的10栋写字楼来看，除了珠江新城与环市路较为集中外，其他地区同样可以吸引开发商建造超高层建筑。

超高层建筑分布较为集中，经过聚类分析后，可以大致分为以下三类。

第一类，超高层建筑高度集中区：体育中心周边及衍生的天河北路、天河路、天河东路以及体育东路、体育西路一带，是超高层建筑最为集中的地区，合计有超高层建筑43栋，其中天河北12栋，天河路12栋，体育西路6栋，天河东路4栋，体育东路3栋，其他地区6栋。超高层写字楼数量占全部超高层建筑总数的1/4，是广州市超高层写字楼最为集中的地区。

第二类，超高层建筑中度集中区：珠江新城18栋，环市东路17栋，东风路17栋，北京路14栋，除了珠江新城还有未建设地块，其他地区用地发展已经较为饱和。从高层建筑的分布来看，写字楼与商业建筑呈现紧密联合的发展态势。

第三类，超高层建筑低度集中区：五羊新城6栋，上下九街6栋，火车站3栋，琶洲地区3栋，其余超高层建筑分布较为分散。

由此可见超高层建筑分布主要集中在新城区，老城区呈现点状布局。这一方面是由经济因素决定的；另一方面是由于老城区人口、交通过于密集，政府也不支持建设超高层建筑，而对于新城区，政府往往会以高楼林立作为地区兴旺的标志，鼓励建设超高层建筑。

9.2.2　聚集以高、中强度布局为主

相较于超高层建筑分布，商务办公建筑强度布局分析以写字楼之间距离最短为原则，以ArcGIS的分析方法进行聚类分布研究，将聚集区域按照聚集的商务办公建筑数量主要分为以下三类。

第一类，高强度聚集区：主要是天河体育中心周边，其聚集特征为以体育中心为核心，主要沿天河北路—天河路—天河东路—体育西路—体育东路数条主要城市路，呈"井"字形网络化发展，除了天河城、正佳广场、太古广场是用底层商业建筑占有一个街区外，均以单栋建筑为主。该地区写字楼共计122栋，占广州市写字楼总量的17%，聚集密度为40栋/km²，建筑容积率最高为12.6。

第二类，中强度聚集区：主要有以线性发展为主的东风路（70栋）、点线结合发展的环市路（65栋）、区域发展为主的珠江新城（51栋）、线面结合发展的北京路（40栋）和五羊新城（37栋）组成。除了珠江新城以人为规划的区域性聚集发展为主以外，其他自发形成的区域主要以线性发展为主，点线、线面发展为辅。该强度聚集区的写字楼数量为263栋，占广州市写字楼总量的36%，聚集密度为20~35栋/km²，最高建筑容积率为14.5。

第三类，低强度聚集区：由点状聚集的火车站周边（26栋）、琶洲（14栋）和沿线发展的江南大道（18栋）、机场路（11栋）组成。在此类别中可以发现，围绕公共中心形成的点状聚集类型为火车站周边与琶洲地区。这两个地区因为广州火车站和琶洲会展中心，形成了以批发商业和会展商业为核心的吸引相关办公企业的区域，这也是唯一两个点状发展的区域。该强度聚集区的写字楼数量为69栋，占广州市写字楼总量的9%，聚集密度为18~25栋/km²，最高建筑容积率为10。

其余的为散点布局，聚集效应不强，难以归类。

总体来说，商务办公建筑聚集性较强，以高、中强度聚集为主，占商务办公建筑总数的53%，低强度及其他散点布局的商务办公建筑占总数的47%，但分布较为均匀。

9.2.3　从核心到边缘：建筑高度下降快、开发强度下降慢

综上可知，商务办公建筑开发强度与超高层建筑聚集有着大致相同的分布，在核心区域超高层建筑多，高度高，集中密度大。而五羊新城、火车站、江南大道、机场路的超高层建筑少而建筑聚集强度高，这也说明聚集核心地区周边会出现建筑高度峰值迅速下跌，而建筑密度依然较大的现象，也可以总结为商务办公建筑从核心到边缘，其建筑高度下降快于强度下降速度的特征。

这主要是由于超高层建筑虽然比高层建筑只高数米或数十米，但建造成本、风险、交通要求与审批手续都比普通高层建筑的经济成本与机会成本高得多。因此，在商务办

公建筑租金与售价大致相同的条件下，边际利润下滑，总利润实际增长不大。除非是在核心地区租金高昂的条件下，否则开发商不会开发超高层建筑。

9.3 广州市商务办公建筑与经济发展水平的关系

9.3.1 标志性建筑高度与城市经济发展水平的关系

标志性建筑越来越高，究其原因，是受到市场的追捧与部分政府的支持。各地高层建筑此起彼伏，争相成为世界、国家或者地区级的最高建筑。同时，它受到众多学者的批评与质疑，被认为是劳伦斯魔咒，是新一轮经济危机将要到来的征兆。本节主要通过对广州、深圳、上海、北京四座城市的标志性高层建筑与地方经济发展的关系分析，客观发掘内在规律，以便更好地判断标志性建筑的发展。

1. 广州市标志性建筑与城市经济发展水平关系分析

广州自新中国成立以来，国民经济不断发展，城市综合实力迅速提升，广州GDP增长速度在1990~2000年最快，达到年平均增长64%，只有在1960~1970年增速低于10%，其余年份增速都在30%左右。2000~2010年，经济总量平均增长速度达到812亿元/年，每年平均增长的经济总量相当于1990年经济总量的3倍（未考虑物价升值）。广州的经济快速发展，带动了广州标志性建筑的快速发展，这反映在高层建筑的高度增长上。广州市历年标志性高层建筑资料如图9-1、表9-1所示。如19世纪20年代的最高建筑南方大厦为12层50m高、20世纪60年代的广州宾馆为27层约87m高、2010年广州国际金融中心为103层440.75m高等。

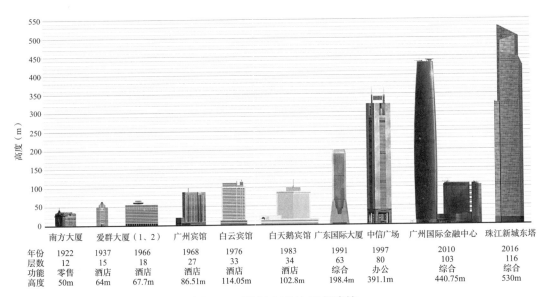

	南方大厦	爱群大厦（1、2）	广州宾馆	白云宾馆	白天鹅宾馆	广东国际大厦	中信广场	广州国际金融中心	珠江新城东塔
年份	1922	1937	1966	1968	1976	1983	1991	1997	2010	2016
层数	12	15	18	27	33	34	63	80	103	116
功能	零售	酒店	酒店	酒店	酒店	酒店	综合	办公	综合	综合
高度	50m	64m	67.7m	86.51m	114.05m	102.8m	198.4m	391.1m	440.75m	530m

图 9-1 历年主要的最高建筑

广州标志性商务办公建筑一览表　　　　表 9-1

年份（年）	1922	1937	1968	1976	1983	1991	1997	2010
国内生产总值（亿元）	—	—	16.4	26.6	57.6	319.6	2376	10500
高度（m）	50	64	86.51	114.05	102.8	198.4	391.1	440.75
层数（层）	12	15	27	33	34	63	80	103
建筑面积（万平方米）	1.8	1.14	3.6	5.91	11.7	18.4	32	45
占地面积（万平方米）	0.8	0.95	0.45	2.6	2.8	1.95	2.3	3.1
容积率	2.25	1.2	8	2.27	4.18	9.44	13.91	14.52
名称	南方大厦	爱群大厦	广州宾馆	白云宾馆	白天鹅宾馆	广东国际大厦	中信广场	广州国际金融中心

来源：广州市统计年鉴。

广州市标志性建筑的高度表现出阶段性增长，波动周期都在10年左右。其中，1937年后30年和1976年后15年，属于政治特殊时期。在每个周期内都是周期前后为波峰、中间为波谷，且每个波峰都是跨越式增长，而非逐步提高。

将有历史记录以来的国内生产总值与当年建成的标志性建筑相关的用地面积、建筑面积等指标进行相关性研究，可以发现经济与建筑占地面积（相关系数R^2=0.52）和容积率（相关系数R^2=0.70）没有相关性，而与建筑面积、层数及建筑高度有着较强的相关性，由于每层建筑面积受到经济性、日照采光、通风与防火等限制，其变化幅度不大，因而这三个指标中主要指标是受建筑高度（层数）的影响。经过小样本统计数据的r_a、p与t系数多次分析，都符合0.05的显著性水平下的相关性判断，因此从微观角度来说，广州市标志性建筑高度与地方经济紧密相关（表9-2）。最后总结其相关性函数，发现其呈现出指数型函数关系[1]（图9-2），公式如下：

$$y = 6.2388e^{0.0166x}$$ （9-1）

（$R^2 = 0.9566$）

式中：y为国内生产总值；x为标志性建筑高度；e为数学常数（也称欧拉数）。

GDP 与标志性商务办公建筑相关性分析　　　　表 9-2

相关性分析	国内生产总值	高度	层数	建筑面积	占地面积	容积率
国内生产总值	1	—	—	—	—	—
高度	0.818192	1	—	—	—	—
层数	0.831393	0.972217	1	—	—	—

续表

相关性分析	国内生产总值	高度	层数	建筑面积	占地面积	容积率
建筑面积	0.872205	0.976406	0.985932	1	—	—
占地面积	0.522679	0.560114	0.610339	0.642566	1	—
容积率	0.697921	0.905624	0.910234	0.886449	0.302659	1

注：1. 由于本次统计数量为小样本，因此当相关系数大于小样本回归系数r_a（本次r_a=0.75449）时，表示具有相关性，否则不具有相关性。由于1950年以前没有GDP统计，所以从1950年之后开始计算。

2. 来源：广州市统计年鉴。

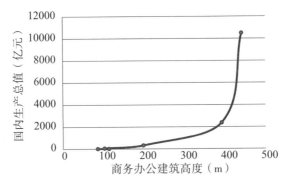

图 9-2　GDP 与商务办公标志性建筑高度相关性分析

2. 广州与其他三座城市的比较

为了验证其他城市是否存在相类似的关系，以相同的方法对深圳、上海、北京的18幢标志性建筑进行分析，发现存在以下特征。

（1）地区差异明显

上海是高层建筑数量领先全国且密集的地区，无论是1937年就建成的89m高的中国银行上海分行大楼，1998年建成的420.5m高的金茂大厦，还是632m高的上海中心大厦，都遥遥领先于其他三座城市。广州虽然在20世纪20～30年代就有标志性高层建筑，如50m高的南方大厦、64m高的爱群大厦，深圳在20世纪80年代才开始兴建高层建筑，但二者近二三十年发展水平相当。北京由于是历史古城，受历史保护及城市规划的限制，高层建筑发展相对缓慢，建筑以特色取胜，如中央电视台新台址、文华东方酒店。

（2）建筑高度与经济发展存在明显关联

虽然地方差异明显，但国内生产总值与建筑高度关系中表现出非常相似的特征：深圳的国内生产总值与标志性建筑高度的函数公式为$y = 1.466e^{0.0205x}$（$R^2 = 0.9995$）、上海的为$y = 104.89e^{0.0089x}$（$R^2 = 0.9637$）、北京的为$y = 560.4e^{1.3066x}$（$R^2 = 0.9461$），不但相关性系数都很高，而且函数关系呈现出三类：一类是广州与深圳，两者非常相似，具体e倍数为1.46～6.24，x倍数为0.016～0.021；另两类分别是上海、北京，e倍数为104.89

与560.4，*x*倍数为0.0089与1.3066，两者表现出来的数学函数关系有较大差异。

（3）经济特征关联性强

办公建筑的兴起以及开发强度的增加是与地区的经济发展水平直接相关的，20世纪90年代人均GDP超过1000美元后，标志性建筑无论高度还是强度都进入高速发展阶段。到2002年左右人均GDP超过5000美元的阶段，建筑高度逐步放缓，广州建筑高度已经达到391.1m（中信广场），深圳达到355.8m（赛格广场），上海达到420.5m（金茂大厦），都进入超级摩天大楼时代。由于建筑技术进步与建筑成本降低，办公建筑高度进入平缓发展的阶段。可见人均GDP处于1000～5000美元阶段是办公建筑发展的黄金时期。

经过初步计算与对比分析，可以发现标志性建筑建设与地方经济联系紧密，四座城市总体上来说，标志性建筑高度与地方经济发展相吻合，是地方经济发展到一定水平的表现。其他城市面临开发方市场运营夸大需求、政府争取城市形象等政绩的问题，无法判断标志性建筑是否合宜时，可以分析当地标志性建筑发展历程，并参照上述四座城市的经验，如果相关系数R^2达到或超过0.95，或周边地区的发展函数关系与之非常相近，可以初步认定为符合当地经济发展需求。

9.3.2　商务办公建筑开发强度与市场价值分布的关系

经过查询广州政府的阳光家园网站、焦点广州写字楼网、广州写字楼搜房网、中国写字楼网等与广州写字楼相关的数据，统计出2021年办公建筑的新楼或二手楼售价，以建筑高度与层数作为依据，利用ArcGIS软件的密度分析工具（Spatial Analyst Tools-Density Tool）进行分析，可以发现在以较为微观的500m为半径时，办公建筑密度较高的地区较多，且集中在环市路与天河路、东风路与黄埔大道。而办公楼售价较高的地区主要分布在解放中路与中山路、东风路与仓边路、环市路与天河路、天河路与体育东路的四个交界处，建筑密度与售价两者的相似程度还不算明显。而在1000m圈层分析时两者极为相似，都集中在环市路沿路与珠江新城中心地带，从宏观上来看，办公建筑的市场价值与空间聚集关系紧密。归结其原因是写字楼的高售价促进了开发商为了有更多的可售面积，而让建筑高度在用地紧张的市区不断向空中发展，形成了商务办公空间的立体化聚集。

9.4　地方建设法规对商务办公建筑开发强度的影响

针对合理的开发强度的研究中对容积率的研究较多，有从微观上建筑凹凸等外在形态、排列围合方式、计算机模拟日照间距的研究，也有从宏观上交通与生态环境容量、经济可行性的研究，其目标是提出合理的开发范围，但是将上述成果归结为管理条文或逆向分析现有法规，直接引导建筑建设管理性文件的合理性研究较少。而公共建筑作为城市活力与现代化程度的代表，消耗巨大的城市资源与能源，对城市建设尤其重要，有必要分析法规特别是地方性法规对公共建筑开发各要素的具体影响方式，以便找到存在的问题及改进方式。

9.4.1　影响商务办公建筑开发的法规

现行国家建筑与城乡规划的法规对公共建筑物的开发强度是综合考虑公共建筑的防火、防震、日照、通风、采光、视线干扰、防噪、绿化、卫生、管线埋设、建筑布局形式后通过确定合理的建筑间距以及建筑的进深、高度和形态来决定的。虽然国家标准对居住建筑间距规定较严，如《城市居住区规划设计标准》（GB 50180—2018）。公共建筑通常不必考虑建筑日照间距，但广州、北京等很多城市考虑到地方气候、建筑自然采光通风等因素，都对公共建筑间距有一定要求。而相对于日照间距要求达到建筑高度0.7~2.0倍的规定，民用建筑之间消防间距、道路后退要求距离较短，如一般民用建筑消防间距（除特殊建筑外）最大仅为14m（高层与四级民用建筑之间），而公共建筑多为中高层，因此，通常来说，公共建筑开发主要受日照间距影响。

广州市对公共建筑从规划到具体建筑设计都有一套完整的管理法规：《广州市城市规划管理技术标准与准则》（简称《标准与准则》），包含综合篇、修建性详细规划篇、建筑工程规划管理篇与建设工程规划验收篇，以及《广州市城市规划条例细则（2010）》（简称《条例细则》）与《广州市城乡规划技术规定》（2019年）（简称《技术规定》）。其对公共建筑的建筑间距、容积率、建筑密度、绿地率、高度等都作出了具体规定。

作为规划管理部门审核建筑施工的主要控制标准，《技术规定》除了对居住建筑的建筑间距进行要求，对非居住建筑也按照多层、低层、高层三类建筑高度，以及对板式、塔式两类建筑形式，按照南北向与东西向进行建筑间距控制。由此可见，广州对公共建筑要求较国家标准高。且该法规已考虑到消防间距的设置，要求低层建筑间距最小不能小于6m，高层建筑间距不能小于15m，是考虑较为全面的控制法规。因此，广州市以该规定作为建设主要依据，建筑密度与绿地率等则参考《条例细则》与《技术规定》相关规定。

9.4.2　法规影响要素

研究背景是通过简化数据模拟的条件，以排除不必要的干扰，设定为建在净建设用地面积不大于5000m²，并且不临路或者只有一面临路的条件下。在此基础上，通过对南北向、东西向及L形三种较典型朝向的公共建筑（图9-3）进行对比分析，分析广州市地方性法规关于公共建筑开发的规定中，具体开发的强度（容积率）与建筑朝向、建筑密度、进深、高度等之间的计量关系，从而进一步总结现有法规的管理方式与存在的问题。

1. 南北向建筑开发强度的内部关系

（1）建筑开发强度的相关影响要素

办公朝向以南北向为主时，建筑间距较东西向的要求高，按照单栋南北向建筑容积

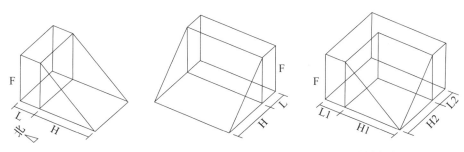

图 9-3　南北向、东西向、L 形三种公共建筑计算模型

率以不临路的单位地块为计算标准，计算公式为：

$$R=（l \times f）/（l+h）\qquad（9-2）$$

式中，l 为建筑进深；f 为建筑层数；h 为日照间距（标准层高3.6m），具体算法参照《技术规定》附表6进行计算。

此时，由图9-4可以发现，建筑的进深越大且层数越高时，容积率越大，建筑高度在16m（约5层）到100m（约28层）时容积率斜度加大。这是由于公共建筑高度超过24m为高层建筑时，计算方式变化导致建筑间距相对低层建筑减小，特别是达到100m高时，由于《技术规定》附注规定：建筑高度超过100m的，建筑间距允许以100m计，因此容积率提高速度迅速增加，相对来说，建筑高度不再起决定作用，进深对开发强度的提高作用加强。

总体上，建筑的容积率随着层数和高度的增加而增加，这说明，广州市实际批准建设的公共建筑，其开发强度以经济及技术能力支持与否为准则，并且鼓励建筑高度超过100m。因为100m后建筑间距依然按照100m计算，从而使得地块容许的建筑强度可以更快增加。另外，这种函数关系与其他研究者（陈昌勇，2010）对居住建筑根据日照间距计算得出类抛物线的形态不同，其原因在于各地都会设置日照间距计算的上限，但具体方式不同，如北京居住建筑间距上限为120m，广州市居住建筑高度没有上限，非居住建筑高度上限为100m。

（2）建筑密度相关影响要素

建筑密度的计算公式为：

$$M = l/（l+h）\qquad（9-3）$$

式中，l 为建筑进深；h 为日照间距（标准层高3.6m）。

由图9-5可以发现，建筑随高度和进深的不同而变化，具体结果如下：低于16m及高于100m的建筑由于日照间距固定为8m与50m，因此即使层数增加，建筑密度依然保持不变；建筑密度主要由建筑进深决定，建筑进深越小，建筑密度就越小，反之当建筑

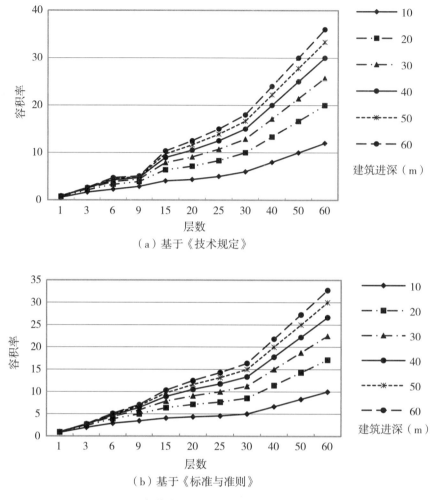

（a）基于《技术规定》

（b）基于《标准与准则》

图 9-4　南北向建筑容积率与层数、进深关系

进深超过30m，建筑超过25层后，建筑密度就大于40%。而《标准与准则》修建性详细规划篇第3.5.1条规定行政办公设施建筑密度不应超过40%。可见建筑高度超过25层（约90m）且进深超过30m，建筑间距必须在现行计算标准上增加一定间距才能满足该法规要求，因此超过该标准会导致额外间距要求，使得总体开发强度降低。

由上面的分析可以看出，广州公共建筑的紧凑化建设与密度、建筑进深、建筑高度联系紧密，在控制建筑密度的同时会限制建筑容积率：按照现行法规建筑高度超过100m较为节约土地，低于16m则较浪费土地；适合的公共建筑进深约为30m；建筑高度不超过100m时，最高的开发强度在10~11。因此，规划人员在地块控制时需要避免制定将容积率超过11的指标。

2. 其他朝向建筑对比研究

继续分析东西向及L形的建筑容积率、建筑密度与建筑高度、建筑进深的关系。L形建

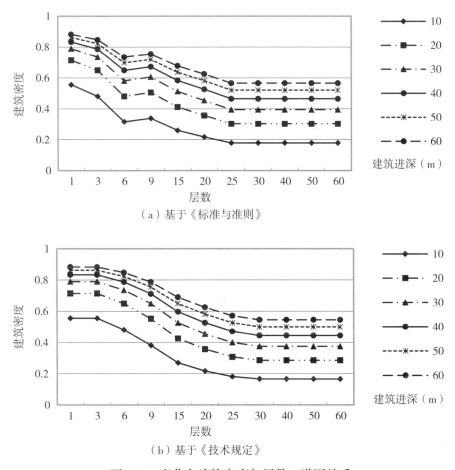

（a）基于《标准与准则》

（b）基于《技术规定》

图 9-5　南北向建筑密度与层数、进深关系

筑较为复杂，其东西向建筑长度为南北向建筑间距，南北向建筑长度为东西向建筑间距。

公共建筑为较为常见的30m进深时，对比南北向、东西向及L形建筑可以看出，总体数值走向特征基本一致，但细节略有不同，其中，L形建筑当建筑高度在30m时出现明显下降，这主要是由于东西向建筑之间间距小于30m但必须大于15m的规定（≥0.5×建筑物高度，且不少于15m）造成的。适合的公共建筑进深在L形时为15m，不过这对于高层建筑来说进深过低，明显不合理，因此只能通过保持30m进深、拉大建筑间距来保证合法的建筑密度；建筑高度不超过100m，L形建筑最高的开发强度容积率为16.8（图9-6）。

总体上，相同建筑高度时，开发强度上表现为L形＞东西向＞南北向，但东西向与南北向建筑的数值相差不大，混合的L形数值则差值较大。为了达到相同的开发强度，建筑进深需要南北向＞东西向＞L形，因此在需要高强度开发时可以适当以L形混合朝向建筑为主。建筑进深相同时，开发强度上表现为L形＞东西向＞南北向，为了达到相同开发强度，建筑高度则要求南北向＞东西向＞L形。开发强度相同时，L形建筑高度降低、进深减小（图9-7）。

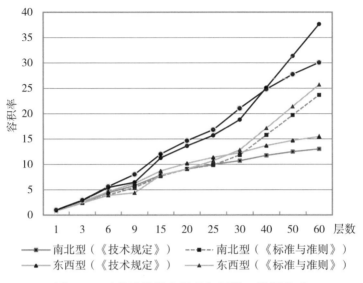

图 9-6　三类建筑的容积率与层数、进深关系

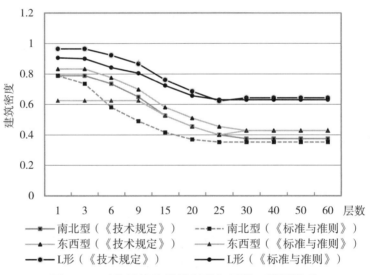

图 9-7　三类建筑的建筑密度与层数、进深关系

相对于建筑开发强度，建筑底层环境相关的建筑密度则呈现相反的特征，混合L形建筑在相同高度或进深条件下，建筑密度都是最大的，在满足40%上限建筑密度的条件时，建筑进深南北向＞东西向＞L形，且南北向建筑进深较为合理，在30m左右，这也意味着在建设经济成本上，混合L形朝向有较大优势，而南北朝向在环境上有明显优势。

两个法规比较而言（图9-7、图9-8），《技术规定》的L形建筑容积率与层数之间的坡度变化相对不大，建筑低于100m时，《技术规定》容积率数值普遍高于《标准与准则》，说明《技术规定》放宽了对建筑日照间距的要求；但当建筑高度超过限定的100m后，容积率随着建筑层数提升的坡度并不像《标准与准则》建筑超过80m后迅速增加，而是依旧保持稳定的坡度，这也使得建筑在60层的时候，同类型建筑《标准与准则》地块净容积率比《技术规定》多出20%～50%，说明《标准与准则》有着鼓励商务办公建筑建高的趋势。由于高层建筑能耗高，《技术规定》降低支持建筑建高的修订与我国节能减排趋势相符合。在建筑密度上，由于《标准与准则》对南北向与东西向要求不同，呈现出的结果相对复杂；虽然《技术规定》下同类建筑的建筑密度数值普遍高于《标准与准则》的规定，但两者之间除了低层L形之外，其他类型相差不大，且在建筑超过25层（约100m）之后两者数值几乎相同。从节约用地角度上来说，南北向建筑在进深30m的条件下，超过25层之后，随着建筑层数增加不需要增加建筑用地，是最优的开发类型。

9.4.3　其他国家与地区相关法规

其他国家与地区由于经纬度、地理与气候条件不相同，直接比较管理结果的意义不大，但在管理方式及具体条款设置等方面还是有一定借鉴意义的。

我国北京市对建筑间距的规定主要针对居住建筑，对公共建筑间距的规定主要针对学校、医院建筑，因此管理没有广州市严格，但突出了不同建筑形态的不同间距要求，将建筑分为板式建筑与塔式建筑，如板式建筑遮挡北向学校时间距系数为1.9，塔式建筑的间距系数可以减小到1.3。

著名的MVRDV设计公司对荷兰的住宅和公共建筑也进行了地方性法规下的分析，通过对比分析可以发现本书研究结论与MVRDV结论之间的不同，如办公建筑中，MVRDV的结论呈现类抛物线形态（图9-8），认为办公建筑10层时建筑开发强度达到顶峰，之后建筑越高，开发强度反而逐步降低。而广州的公共建筑高度超过80m后，容积率增幅才开始加大，两者的增长曲线完全不同。其原因主要是标准不同，荷兰对公共建筑特别是办公建筑的要求为：层高4m，建筑两面采光，进深为20m，东西向及南北向

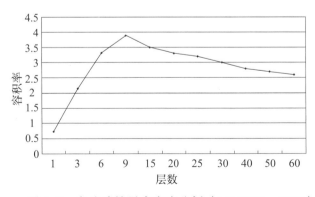

图9-8　办公建筑最大密度分析（MVRDV，1998）

来源：李滨泉，李桂文. 在可持续发展的紧缩城市中对建筑密度的追寻——阅读MVRDV［J］. 华中建筑，2005（5）：104-107. 作者整理。

建筑阳光入射角为52°，因此造成日照间距的计算方式有很大不同。

经过上文模拟计算发现，地方性法规对建筑开发控制有明显影响，地方性法规的设置标准与一般日照间距模拟相差较大，不同法规相对独立的要求共同影响最后的开发要素之间的关系。笔者在此提出几点改善建议。

1．有必要统一现行法规要求

地方性法规中对建筑日照间距的要求对公共建筑开发的影响尤其大，对建筑密度的控制标准也会影响到最后结果，因此，公共建筑开发是不同法规共同作用的结果，有必要对现有法规进行统一梳理与统一出版，以便于查询，避免不熟悉法规而导致规划误判。

2．增加规划控制指标中的可持续发展要求

广州市地方性法规虽然已经考虑到了公共建筑的可持续发展，较国家标准有了更为严格的要求，但笔者认为可进一步结合地方特色，借鉴荷兰等国家对建筑采光、通风等的法规要求，增加生态可持续发展对公共建筑在建筑进深、采光时间等方面的具体性要求，使公共建筑这一能耗大户增加自然通风和采光，降低能耗。此外，北京按照板式、塔式建筑进行分类控制，照顾到不同公共建筑类型对周边建筑的实际遮挡效果，细化了日照控制影响，这些都在广州市《技术规定》中得到改进。随着智能化时代的到来，可以更多地通过大寒日日照时长及通风标准加以控制，通过计算机模拟得出最优结果，避免仅在控制公式复杂程度的差异上进行改善。

3．加强法规细节的研究

本次研究得出"L形混合朝向建筑的紧凑开发强度最大""东西向与南北向差异不大""超过100m较为节约土地，低于16m则较浪费土地"等结论，突出的一点是发现细节具有决定性影响，如广州市规定建筑高度超过100m的部分不再增加建筑间距，这直接导致建筑开发各要素关系的突变；此外，法规要求的板式建筑低、多层短边超过14m，高层短边超过20m时，用建筑长边计算建筑间距等细节，可以进一步推敲合理性。

9.5　小结

广州市商务办公建筑的强度布局特征突出，高度为24～100m的高层建筑超过400栋，高度超过100m的超高层建筑有160栋，最高的珠江新城东塔为530m。超高层建筑主要聚集于天河体育中心周边（聚集密度为40栋/km²）及珠江新城（聚集密度为20～35栋/km²），其次是五羊新城与琶洲地区（聚集密度为18～25栋/km²）。影响商务办公建筑开发强度的主要因素是地价，而政府恰恰在地价的管理上存在纰漏，所以应该加强对商务办公建筑开发地区地价的管理，从广州的发展全局出发，制定合理的地价，并设立商务办公建筑集约强度的参考标准值。

下篇

管理策略研究

第10章 商务办公建筑布局的城市规划管理策略研究

改革开放以来，中国房地产市场发展迅速，房地产业增加值约占GDP的5%，房地产总市值约为当年GDP的6倍，占全国固定资产投资的20%，对GDP增长的贡献率持续保持在10%～20%，房地产企业从1998年的2.4万家增加到2013年的9万多家，从业人数从1980年的27万人增长到2006年的400万人。2013年，房地产投资8.6万亿元，施工面积133亿平方米，竣工35亿平方米，人均年增住宅1平方米；土地出让、增值与使用相关税费约占全国财政的35%，占各地方政府财政的50%以上，更由于其带动了上下游60多个行业，房地产业成为我国的支柱产业，在国民经济中占有举足轻重的地位。

商务办公建筑作为市场主要争夺的建筑资源，其空间布局发展有着明显的市场特征，而非政府所能完全管控的。现行城市规划管理中主要以政府制定用地开发规划（控制性详细规划）来指导土地开发的确切用途及强度，再通过土地市场上招、拍、挂的形式，采取由开发企业竞标建设的模式。这种以政府为主导的模式，实际上仍然是凯恩斯时期发展而来的政府主导城市发展的方式。有学者如田莉（2008），通过对规划实施结果的研究，指出商业办公用地模式规划实施只有16%符合原规划，56%违反原有总体规划，现有规划管理方式对市场主导的用地缺乏控制能力，城市规划摆脱不了"图上画画，墙上挂挂"的命运。本章通过对政府与市场对城市发展主导作用历程的梳理，以及国内外经验的总结，提出政府与市场在城市规划上的职责分工，实现空间资源的合理管理。

这个问题颇为复杂，因此，首先回到规划的起点，简单梳理城市规划中政府与市场管理的发展历程及经验；其次，分析我国现有规划的主要问题，在于规划与市场的管理边界不清晰；再次，根据市场经济与政府管理的优劣势对比，分析城市规划作为政府职能应尽的义务与原则；最后讨论城市规划对商务办公空间的管理模式。

10.1 城市规划管理模式发展历程：政府主导与市场主导之变

传统上，城市规划是国家对土地市场的一种干预手段，通过对城市规划学科的发展历程的研究，可以发现城市规划作为一种政府管制手段是随着国际管理理念的变化而变化的。对城市空间建设的干预程度与目的因各国的历史、政治传统和理念的不同存在很大差异（Newman Thornle，2005）。因此，我们必须意识到城市规划管理模式是需要随着资源管理方式的变化而不断演变发展；也要意识到城市规划既要尊重市场的作用，也要合理运用政府的引导力量，两者之间协调分工好，才能管理好城市发展。

10.1.1　初期，政府主导下的城市规划

在19世纪中叶，现代城市规划学科起源于英国政府颁布的一系列有关城市环境卫生的法规，包括1848年和1875年的《公共卫生法》、1866年的《环境卫生法》。在1909年，英国通过了第一部涉及城市规划的法律（*The Housing, Town Planning etc. Act*），标志着城市规划作为一项政府职能的开端。这也是在第二次世界大战以后到20世纪70年代末，以凯恩斯国家干预主义理论为依据的宏观经济与政治学派在西方社会中占据了主流地位，并成为影响西方各国包含土地开发的公共政策制定的基本准则。

20世纪50年代，英国处于第二次世界大战后的重建阶段，城市规划以物质形态规划为主；1947年的规划法实施，使得政府管控土地的程度达到高潮，几乎任何与开发相关的活动都受到约束，必须申请规划许可。这就如同中国城市规划目前的状况。20世纪60～70年代因经济发展停滞，规划转向为经济发展服务，强调解决社会经济的发展问题，同时更合理地利用有限财力进行城市建设。

1968年英国规划法确立了发展规划的二级体系：战略性的结构规划和实施性的地方规划。直到1990年的规划法也只是综合了相关规划法和专项法，基本上仍然建立在1947年和1968年颁布的规划法的基础上。这一时期的城市规划以政府为主导，市场没有话语权，因此也导致理想规划如"田园城市""广亩城市"盛行。

10.1.2　中期，市场主导思想的出现

20世纪70年代后西方资本主义进入经济发展高失业、高通胀的滞胀经济危机阶段，宣告国家干预主义的失灵与凯恩斯主义时代的结束，这一时期更强调自由市场对经济的拉动作用，批评"巨人政府"效率低下，鼓励"企业化政府"间的竞争，认为后者将提高效率，更好地满足城市居民的服务需求。

英国从20世纪60年代就开始质疑过死、过细的静态规划，并酝酿着改革。英国撒切尔政府从1975年执政后对城市规划进行了较大改革，虽然保持了1947年设立的规划体系，但增添了很多创新内容。政府简化规划法规，设置《用途类别令》，增加无规划许可的发展项目的类别；设立企业区（EZs），为了保证企业发展，终止了当地的正常规划法规；设立了城市发展公司（UDCs），绕过以往设立的规划体系。但最终随着撒切尔夫人的离职，很多变革都没有继续实施，企业区与城市发展公司仅是临时运作，《用途类别令》则是对现有规划体系进行小修小改，但是在意识形态上对制定《规划政策指导说明》产生了很大影响。

10.1.3　现代，政府与市场相互协调管理

市场经济虽然带来物质文明的快速发展，但很多社会问题依然无法依靠市场解决，如资源高度聚集于少数垄断资本家手中造成的社会不公，只顾及个人企业生产效率而忽视环境的可持续成本等市场失效，问题不断暴露，于是1990年以来的西方国家主张兼顾效率与公平、国家公共管理与市场管理相平衡的治理方法，进入组织网络联盟时期，又鼓励政府与私营企业、非营利组织的公私合作来共同进行公共管理与提供公共物品。

这一时期，城市管治代替城市规划成为主导城市管理的方式，以协调代替硬性规划来实现政府与市场的共同管理。

10.2　我国城市规划在商务办公空间管理上存在的问题

10.2.1　城乡规划管理的问题

1．审批上政府管理过细扼杀市场力量

目前，城乡规划管理"重权力归属，轻权力运作"，习惯直接、微观与成效明显的行政管理手段，缺乏间接、宏观的经济法律管理手段，认为空间建设"一放则乱"，必须精管到位，控制性详细规划地域上的"全覆盖"以及控制指标上的不断精细化，未预留市场发展空间，导致规划修改频繁，影响城乡规划的权威性。

近年来，专家学者对城乡规划进行了实效性分析，田莉（2008）研究发现，广州市商业办公用地符合总体规划的只有15.84%，按规划实施最好的是开放空间，符合总体规划的内容达到80.52%；张泉（2008）指出，部分城市的控制性详细规划变更达到80%，变更较少的也达到20%~30%；刘云亚（2012）发现，某大城市密度分区制度对居住区开发强度的控制基本失效。学者分析规划失效原因各异，但结论上大多归结为城乡规划管理不够严格，需要进一步加强监管，只有部分学者指出，一方面规划在调控主要市场力驱动的领域作用有限，另一方面说明规划对市场规律认识可能不够（田莉，2008）。其实，英国社会学家雷·帕尔（Ray Pahl）早在1970年经过详细调研后就指出："即使在战后公共活动的盛行时期，法定性规划只是许多影响因素之一，开发建设的决定因素仍然是'极少受到约束的市场力量'。"

市场经济下，控制与放权是城乡规划不得不面对的问题，应效仿大禹治水改"堵"为"疏"，引导市场力量的合理发展。当前的服务型政府改革为政府部门纵横向联合解决该难题提供了良好契机。

2．决策上多层次规划参与体系形同虚设

规划编制过程中的公众参与实际上形同虚设，"深奥"的城乡规划专业指标与术语、精美但复杂的规划图纸，对于普通大众来说，这样的规划成果无疑是天书一本。即

使有责任编制单位下到社区公示讲解，由于缺乏参政议政的文化环境，群众除关注自家房屋是否被拆迁、补偿标准如何等自身利益外，很少被未来的美好景致打动。其他相关利益单位则各自忙着社会公关，很少关注群众参与过程。参政氛围不浓，缺乏相关协调机构，规划监督与群众参与等多层次规划参与体系形同虚设。

3. 评价上双重标准分离

1980年前后，国家推行企事业单位改革，规划设计单位从规划管理部门分离出来，成为自负盈亏的部门，成为承担服务政府和市场双重职能的单位，甚至部分地区转变为股份制企业，主要服务市场。由于规划编制单位企业化管理、市场化运作，在缺乏贯穿规划成果编制与实施成果评价的监控体系下，激烈的市场竞争导致设计目标双重标准的问题。双重标准主要体现为，政府类型项目编制主要以政府政绩、地方经济发展为主，偏经济、景观效益，重视政府管理理念的表达，忽略社区调研、市场信息采集，实际效果差强人意；市场类项目以开发商地块利益最大化为目标，强化土地开发经济效益，压缩公共设施设置，为开发企业争取各方面利益以获得其认可，造成可持续发展空间被侵占，甚至致使公共资源流失。双重评价标准使得城乡规划难以结合政府与市场管理的优势，导致规划成果实施效率低下，且进步不足，难以形成"政府—市场"相互促进的良性发展循环。

4. 政府资源不足

服务型政府相对于直接行政管理，需要更多的社会交易成本与管理人才。根据《城市规划设计计费指导意见》（2004年）粗略计算，仅是城乡规划编制上的费用（含总体规划、分区规划、详细规划，不含城市设计）最低已经达到110万元/km²，今后的多部门沟通、群众参与甚至法律诉讼等广泛的社会沟通将导致社会交易成本惊人。

在人才需求上，英国、新加坡政府部门城市规划的从业人员比例为4人/万人，美国注册规划师的比例为2人/万人。据中国城市规划协会披露的数据，截至2020年11月30日，全国注册规划师共31319人，并以每年约3000～5000人的速度增长，但相对于我国14亿人口庞大的基数，我国注册规划师的比例不到0.25人/万人，且主要分布在东南沿海城市，中西部地区专业管理人员缺乏，专业人才储备远远达不到国际标准。

在现有条件下，需要调整管理制度以激励市场在非公共领域的管理力量，充分利用非营利机构管理资源及公共服务社会化等各种方式，分解政府规划管理压力，破解政府各方面资源不足的难题。

10.2.2　城乡规划运行中的问题

我国现行的城市规划模式几乎是几十年不变，至今还严格恪守着计划经济下的"对号入座"式规划：50万人口规模50 km²用地，城市各类用地红、黄、绿线等都一一落实，不多不少，"精确无误"（陈秉钊，2000）。我国现有的城市规划管理的主要问题在于，管理模式上以刚性控制应对不确定环境下的城市发展，以人为功能分区代替市场需求等。

1．外部环境的不确定性问题

随着全球经济一体化，世界各国之间竞争的加剧，各国、各地区的发展面对的是更多的不确定性，以及规划的不确定性（Bruton，2005），不少国家的规划及其规划体系开始变革，以求能够适应竞争的环境。我国现在正处于高速城镇化阶段，城镇化已经替代消费品需求成为拉动城市经济发展的主要动力（周振华，2001），这个时期市场需求对城市发展的作用明显强于原来计划经济体系下政府部门的统筹作用，而市场经济理论中认为未来是各种因素博弈的结果，充满了不确定性，这样使得城市发展面临更多、更快速变化的不确定性因素。所以原本由政府主导的规划管理经常出现以下问题：一方面，城市规划还没有到修编时期，人口就早已超出预定指标，城市拥挤不堪；另一方面，各种政府寻租行为也使得规划管理部门屡屡出现腐败问题。

环境的不确定因素可以总结为经济因素、技术因素、制度因素及市场因素，这些因素会此起彼伏地作为主导因素，改变城市的物质环境。我国现在主要的不确定因素是经济因素，而国外发达国家已经历过近代的经济因素、技术因素、制度因素的循环，现在是环境因素主导城市发展的不确定性，因此生态可持续与安全是国外规划的主要目标。我国处于快速城镇化阶段，城镇化发展不确定因素众多，城市人口与建筑用地发展迅速。城市经济也逐步由计划经济转变为社会主义市场经济，房地产开发越来越按照市场需求来发展。因此，城市规划管理必须要考虑这些因素的不确定性。

2．管理上的人为分区问题

1980年首先由深圳引入的区划法（Zoning By-low）规划方式，虽然在政府管理人员短缺的情况下减少了乱占土地、建设不合格建筑等问题，对快速城镇化的城市发展起到良好的控制作用，但也逐步暴露出人为城市功能分区规划的问题：用地性质单一、功能灵活性差，各分区间早晚钟摆式交通，下班后人去楼空的景象等。这种严格功能分区规划也早就受到简·雅各布斯的极力反对。

1965年英国政府规划咨询委员会（the Planning Advisory Group,PAG）出版的《发展规划未来》报告中就提出，法定性条文和注释技术的采用导致规划不断迈向具体和准确的趋势，然而提前很多年预测每一块土地的需求是不可能的，因此，要确保规划既不过时又有前瞻性，同时还能对需求的变化有所回应，这是极其困难的。其结果只会使得规划日趋过时、落伍，因此规划不能是静态的文件。报告还指出了非弹性规划的原因在很大程度上是规划激励强调物质设计和美学等因素，导致规划结果的刚性图纸化。所以应该对交通、经济和社会趋势变化及其影响进行研究，从而促使城市规划对未来有较好的预测功能。

在国外，城市规划已经采取融合政策、法规以及与多方利益体协商为主、图纸为辅的工作方式。在我国，由于规划制度没有向"以管代限"的方向发展，使得"七分管理三分规划"一直成为向往的模式，而没有得到落实。

10.2.3　服务型政府转型的迫切要求

1. 政府公共管理角色的转型趋势

20世纪70年代以来，国际发达资本主义国家制造业从福特时代标准化、大规模生产向信息时代弹性化、特色化转变，经济重心从制造业转向服务业，跨国企业经营与国家之间的投融资加速推进了全球化，模糊了经济活动的国家边界，经济竞争日益演化成城市之间或城市与区域之间的经济竞争（Jacobs，1984）。都市企业化治理模式（urban entrepreneurism）成为城市管理的重要模式，地方政府在经济重构过程中以城市重构的主要角色身份出现（Cockburn et al.，1997），地方政府从为生产服务的传统职能转向为生产创造条件的新职能，从福利型政府转向建设型政府（Goldsmith et al.，1992）。

根据新制度学理论，制度的变迁主要为了增加社会收益。改革开放初期，我国面临从农业社会向工业社会的转化，邓小平同志提出"白猫黑猫理论"，将社会发展的效率排在政府工作首位是大势所趋。同时，邓小平同志也指出"社会基本达到小康水平时，政策会有所调整"，我国早在2011年人均GDP就超过5000美元水平，总体经济已经达到较高水平，是政府管理上改革的良好契机。党的十八大提出进一步"推进政治体制改革"和"完善基层民主制度、依法治国、建立健全权力运行制约和监督体系"的主张，将政府发展重心转向弥补过去社会发展的短板，政府部门的主要职责从重视经济效率转向提供基本公共服务、维护社会公平、创造并维持良好的市场环境、促使市场经济稳定运行。

2. 管理转型的必然性

改革开放以来，大量非公有制企业成为经济发展的主要动力，出现集体经济的苏南模式、个体经济的温州模式与外资企业为主的珠三角模式，实际上反映出的却是"政府搭台，企业唱戏"的政府主导模式。政府通过组织土地、劳动力等生产资料，甚至直接投资兴办企业，被称为"作为工业厂商的地方政府"，本质上是"政府超强干预模式"的表现。以政府公信力作为担保，具有号召力强、行动迅速、社会成本低等优势，为经济发展初期提供了强大的动力，但政企不分的"地方产权制度"也存在一些不足。首先，乡镇企业承担了大量社会公共服务职能，"公共企业家"背负较大的经济压力，为企业进一步发展埋下隐患；其次，一旦企业经营不善，政府不得不进行大量的经济补贴，这一行为常常难以救活企业，而且会使政府财政背上沉重负担，并滋生地方保护主义，遏制市场对各项资源的配置作用。中国经济发展到当前阶段，政企分离已成为一种趋势。

3. 服务型政府的主要特征

2005年，时任总理温家宝在十届全国人大第三次会议的政府工作报告中首次正式提出建设"服务型政府"，从服务方式、服务效率、部门配合、公众参与、政务公开五个部分提出建设目标。有学者指出服务型政府是在公民本位、社会本位理念指导下，在整个社会民主秩序的框架下，通过法定程序，按照公民意志组建起来的，以为公民服务为宗旨并承担着服务责任的政府，公民本位、社会本位是服务型政府的核心（刘熙瑞，2002）。张成福等学者（2001）从施政目标、考量方式等角度在管理方式上对比了传统的管制型政府与服务型政府的不同。

综合而言，服务型政府主要特征可以归纳为：执政为民的服务理念，从"官（政府）"本位向"人（普通市民）"本位转变，政府从高高在上的管理者的角度，转变为充满人情味的服务者角度，由机关和专家决定转向民众希望和合法期待；以社会效益为主的考量方式从以往"成本—效益"为基础的经济效率考量转变为全面建设幸福社会的民众评估；在管理职能上，从大包大揽的"大政府，小社会"的管理职能，转变为以公共服务、宏观引导、多方决策为主的管理职能；在领导方式上，从权威、服从的行政命令转变为以市民需求、多方协调为主的管理方式，加强决策的透明度与公众参与度。

4．对城乡规划管理的影响

城乡规划作为城市发展的"龙头"，其管理方式上主要沿袭计划经济体制下的管制型政府模式，关注建设开发而忽视公共空间控制，常常"种了人家的地，荒了自己的田"。服务型政府在理念、职能、方式上的转型，必然延展到城乡规划管理上，突出城乡规划的政策性、公共性与服务性特征，以实现城乡规划管理向服务型的转变。

制度供给服务。城乡规划管理部门作为社会与市场空间秩序的管理者，必须要为社会制定一个权威的、众人必须遵守的社会制度框架或制度模式，以法治代替人治，以满足我国当前的社会公平、公正建设需要，也是减少人为干扰、发挥市场机制的重要前提。目前，很多地方连基本的地方规划管理条例都没有制定，系统性规划管理制度更无从谈起。因此，城乡规划成果标准、技术办法、管理程序等管理制度的建设与完善，是转型面临的基本问题。

提供公共政策服务。公共政策是政府为了解决和处理公共问题，达成公共目标，制定出来的方针、策略和办法，需要体现全社会的公共利益。应该改变现有的城乡规划决策方式，将地方领导或精英专家单一的空间决策方式转变为代表最广泛公共利益的群众、企业多层次参与的决策方式。

提供公共产品。公共产品的非竞争性和非排他性特征决定了其无法通过市场进行分配，因此服务型政府的城乡规划管理，应该从对城市空间事无巨细的管理模式转变为集中精力研究公共空间（公园、道路、安全设施）或准公共空间（教育、卫生服务）的具体设计与规划。对于以市场为主导的商业、办公等空间，以监管为主，主要发挥市场的配置作用。

改变公共管理方式。城乡规划管理一直以行政管理方式为主，政府与市场常常以

"议价"的方式作为调整、让步或维持原规划的协调方式，空间管理手法较单一、直接。服务型政府管理方式应以宏观引导、监督为主，需要联合其他部门，用社会、经济、法律等多种管理方式进行管理与协调，给市场开发主体充分的选择余地。

10.3　现有问题的根源：政府与市场管理边界的不确定

现有城市规划所面临的主要问题为：经济、环境等不确定性与采用刚性规划的确定性之间的矛盾，而这个问题的本质是政府与市场的管理边界不清晰。首先，城市规划"越位"。试图用政府的手段控制市场的资源分配，而这是无论政府使用刚性手段还是弹性手段都无法圆满实现的。因为市场可以通过价格这个弹性手段来适应整体的经济不确定性，而政府只有采用征税、划拨等二次分配的方法以及运用法规等手段对公共物品与资源实行控制，这些方法都是无法及时应对经济的不确定性的。其次，城市规划的"缺位"。本来应由政府生产、提供和维持的公共产品和服务，却没有受到政府的重视，造成城市规划的一些真空环节，如对公共空间监管不严。

本书研究认为，商务办公建筑这类主要受市场驱动的建筑开发，其管理问题的核心是政府如何在保障市场自由的同时进行适当引导。首先是需要权责明确，之后再针对不同的管理层面，以及公益性空间或非公益性空间，采取不同的管理方式。这方面研究恰恰是目前欠缺的，很多问题都是在没有明确权责情况下产生的，如蓝图规划实际上就是政府承担了市场的职责才导致的。政府想控制市场资源的分配，才做出刚性的空间控制。而实际上在市场经济的情况下，政府力不从心。所以规划无论怎么精心制作，在变化的社会经济条件下，都无法给出完全正确的结论。因此，要首先明确市场经济与政府规划的优、劣势，从中发掘政府与市场管理的边界应该如何确定。古典经济学强调以市场为主导，政府给予最大的自由度，而这在实践中证明是不可取的，因为市场具有负外部性（外部不经济性），市场自身是不会纠正的。福利经济学要求政府为整体社会的福利作出保证，即表明需要控制市场负外部性的作用。新制度经济学要求划分好权责边界，减少交易成本。

广州商务办公空间现阶段存在各区政府的发展规划各自为政的现象。例如，越秀区打造东风路黄金8km智力服务带的规划，意欲争取珠江新城的办公企业入驻。这样使得各地区商务办公建筑布局缺乏特色。

广州市政府政策主要倾向于建设新区或政府主管的科技园、创业园区，对现存的商务办公建筑管理规范较少，在商务办公建筑信息不完全的情况下，办公企业选址有较强的盲目性，使得办公空间发展较为混乱。

此外，办公环境整体较差，无论是停车设施、绿化场所还是开敞空间都较为缺乏。写字楼内缺乏良好的空气、安静的环境，只能依靠空气净化器和室内植物营造狭小的绿色环境。这些都需要政府在城市规划管理方面多下功夫，才能引导以短期利益为主的市场发展向长期的商务办公建筑可持续发展的转变。

10.3.1　市场经济的优势与劣势

福利经济学认为，市场经济通过供求的力量可以有效支配资源，这种"看不见的手"支配是以价格作为供需双方的调节手段，尽管市场上买卖双方只关心自己的福利，但最终会使得买卖总利益实现最大化的均衡。它的优势是及时指导资源的分配，是动态即时性的，可以经过众多供需方的讨价还价形成一个合理的分配，对不确定环境下资源分配有着良好的分配与激励机制。

但是市场机制如果受到买家或卖家的控制，也就是市场势力作用时，市场无效，因为它会使得价格与数量背离供求均衡，因此垄断等行为要受到严格制止。另外，对于公共产品，如污染这类的负面作用及外部性，市场是无能为力的。因此，市场势力与外部性是市场失灵的普遍现象。后者虽然可以通过道德规范与社会约束、慈善行为、利益各方签订合约的办法来解决，但由于交易成本复杂，这部分往往需要政府设置庇护税以使市场的负外部效应内部化，从而解决市场失效问题。

10.3.2　政府的作用与失效

政府主要是提供公共物品，维护公有资源，维持公平的法律条件，调节宏观社会经济环境的。虽然自由主义和新自由主义一直在试图减少政府对市场的干扰，但是，公共物品是既没有竞争性也没有排他性的物品，如防空警报等公共设施等，公共资源是有竞争性但没有排他性资源，如拥挤的道路与清洁的水、空气等。这些由于产权边界无法划定，责、权、利无法清晰划分，所以私人市场是不愿意进入的，只有依靠政府使用纳税手段对市场进行管理，但政府有时也会失效。关于政府失效，萨缪尔森将其定义为："当政府政策或集体行动所采取的手段不能改善经济效率或道德上可接受的收入分配时，政府失效便产生了。"查尔斯·沃尔夫从非市场缺陷的角度分析了政府失效，他认为由政府组织的内在缺陷及政府供给与需要的特点所决定的政府活动的高成本、低效率和分配不公平，就是政府失效。政府失效主要是政府部门之间缺乏竞争，公职人员与政策缺乏有效的约束与监督，干预缺乏相应信息，以及时间滞后，价格扭曲。因此，城市规划应该在尊重价格机制的前提下，主要针对公共物品与公共资源，在公平的基础上进行规划。从日本、韩国经济腾飞的经验可以看出政府对经济发展的促进作用。政府应通过集中全国的力量发展局部行业，形成发展极，再带动其他行业发展。如果不考虑政府的资金投入产出比，则会导致以牺牲部分阶层利益为代价，将利益重新分配到局部重点行业，实际上是有失公允的，也容易引起官僚主义及官商勾结的腐败行为。因此，当政府涉及参与市场管理时，则需要注意投资效率机制的建立，成本与收益获得后重新分配回牺牲利益的阶层，才能维护社会的平衡与公平。

10.3.3　城市规划中政府与市场分工

朱介鸣（2004）指出，由于土地因区位具有异质性，开发费用庞大，销售较少，交易成本高，资源无法自由出入市场，因此土地不能完全市场化；并针对土地开发外在性、土地市场不确定性、无法保证公共物品等市场失效需要城市规划，建议规划应有市场观念与经济观念。笔者认为，土地与其他贵重市场商品一样具有独特性，如贵重宝石、文物等都有一定异质性，交易成本也非常高昂，信息的获得也并非全面（况且真正的完善市场并不存在），不能因此得到土地不能市场化管理的结论。不过城市规划的确要对土地的外部性与公共物品、公共资源进行管理，这也是政府作为社会利益再分配的权利主体的基本职责——维护社会公平。

此外，当政府参与市场管理时，如无法组织利益团体或机构进行城市发展控制，政府代理实施城市引导，则需要注意成本与利益的平衡机制的建立。这个时候城市规划也要考虑到成本平衡，才能维护公共资源的平衡与公平。

10.4　国内外城市规划对现有问题的研究

10.4.1　国外对不确定因素的控制方法

国外对城市发展的不确定性有较多研究，在问题解决的方法论层面都有较为深刻的构想。Christensen和Friend关于规划过程中不确定性的研究对规划编制过程中解决不确定性的问题有很大帮助。Christensen（1985）在研究中建立了一个矩阵，提出了规划可能面对的四种情况：①技术方法明确，目标一致；②技术方法不明确,目标已达成一致；③技术方法明确,目标不一致；④技术方法不明确，目标不一致。Friend（2001）针对工作环境、指导价值、相关政策方案三种不确定性，提出了解决不确定性的战略方法，其核心是建立"决策领域"的模式，通过确立决策过程，压缩不确定性的范围（于立，2004）。

10.4.2　国外规划对解决经济不确定性与蓝图规划问题的实践

在美国和澳大利亚，对于保护历史建筑面临的经济开发需求等不确定性，都有着开发权转移、容积率奖励等策略，主要是通过将建筑面积补偿转移、容积率在整个地块中重新平衡甚至奖励等方法来达到释放保护地段经济价值的压力，减少通过破坏性重建来实现地段升值的空间价值。

20世纪80年代，性能评估（performance assessing）的管理方式出现，强调了管理的灵活性与结果导向性，顺应了经济发展方向，从而被公共领域管理所接受，使功能分区的弊病有明显改善，给规划界很大启示。现在实践中的性能规划（performance planning 或 performance-eased planning）是将关注点转向公共利益的部分，也就是土地生活或生产所带来的或者引发的实际情况与影响（也就是这些活动的"性能"）来确定这些活动是否合适与被容许。这些性能指标包括噪声、反光、气味、振动和私密性等，只要这些指标符合要求，这块土地就可以用于任何用途。这样土地的实际用途和宗地设计就具有了弹性，也可以避免规划师或政府领导以个人决策代替市场决策。

实践比较久的有1990~1992年颁布的《澳大利亚居住开发规范》（*Australian Model Code For Residential Development*），从邻里区规划和基础设施、街景（streetscape）、宗地规划（site planning）三个方面的性能因素及合理准则作为控制手段，强调用地的"因"而不是"果"，这给予土地利用和开发很大的弹性（梁鹤年，2000）。

澳大利亚昆士兰州在2009年发布的《可持续发展规划法》（*Sustainable Planning Act*），也不将土地用途作为规划的控制目标，而是以建筑消防（安全消防局）、植物与环境影响（环境保护局）、道路开发（城市道路管理部）等外部环境因素作为主要考评对象。这样的考评促使在生态条件下以市场需求为主导的综合性土地使用，而非人为的规划性的强制功能分区。

这些国外规划的经验对中国规划现存问题的解决具有参考价值，值得借鉴，如性能规划的应用就收到了良好的效果。但是目前国内借鉴的项目还很少，应该开启此类研究与实践的大门。

10.4.3 国内的研究现状

国内对不确定因素下的探讨多集中于土地利用总体规划的改善方面，如余柏椿（1996）的活性用地、焦胜（2004）的弹性规划、胡建（2009）的弹性控制区，以及对城市结构的理论探讨，如张勇强（2003）试图建立自组织的城市发展观以替代现有的层级性规划体系。在技术上，王卓（2007）利用计算机主体建模ABM（Agent-Based Modle）的模拟方法，试图建立一个规划与实施互动的体系。国内学者对不确定性的认识有一定深度，现有研究给出的解决方案侧重于弥补与改善，依然主要是静态蓝图对动态环境的思路，仅仅增加了局部弹性用地、弹性指标与弹性区域，没有提出根本的解决办法。

有学者基于城市规划的多利益方，指出当今世界基本上都在实行各种不同的市场经济形式。社会和经济的发展出现了多元的、矛盾的和不确定的因素。在这种前提条件下，规划已不再可能仅仅是专业规划师的任务，规划的过程必须将其中一些利益共享者，如开发商、投资者、社会组织、中央和地方政府及其所属的部门等纳入规划的过程。规划实际上已经成为一种可以在各种矛盾之间进行谈判、讨价还价与和解的机制（于立，2004）。

也有学者针对规划管理的刚性方式指出，规划不再仅仅是编制文字报告、绘制精美的图纸，更是保证规划项目的实施。这就要求对规划体系进行变革，形成能够与开发商讨价还价和谈判的机制。规划不应仅仅作为一种政府干预市场的行为和手段，而应当与市场的力量相互作用、相互制约和相互补充（于立，2005）。

10.5　城乡规划管理市场化改革特色、目标与路径选择

服务型政府的城乡规划管理以制度供给、公共政策、公共产品与间接管理为主要特征，规划管理的市场化改革必须顺应这一趋势，突出我国特色，厘清城乡规划中政府与市场的管理界限，强调政府对公共空间的管理，将非公共城市资源交予市场竞争调配，以市场化改革推动城乡规划管理体制的转型。

10.5.1　市场化改革特色、目标

1. 改革特色：突出我国公有制政体特色

不同政体对城乡规划管理变革有着较大影响。新加坡虽然是市场化运作，但土地所有权主要掌握在政府手中，政府享有绝对的规划主导权。英、美、日等国奉行土地私有制，公共利益作为社会福利，在限制公有权对私有产权侵犯的前提下强调社会公益性的最大化。虽然在法规上可以因为公共利益而征收私人住宅，但往往由于公共利益很难界定，导致执行困难。因此，这些国家市场化占主导，政府主要充当裁判和法官的角色。我国作为社会主义国家，公有权为常态，宪法规定的公共利益更多地从程序公正中加以体现，因此市场化改革中保证城乡规划成果审批、实施后评估等公正程序，更能突出我国的公有制政体特色。

2. 改革目标：明确政府公共职能，放权市场

如果要求市场经济主体——企业注重公平，必然以牺牲效率为代价。因为企业与市场之间的直接联系是一种经济关系而不是行政关系。为此，公平在很大程度上要靠政府来解决，在管理学范式下，公共行政学家英格拉姆（1998）认为，政府管理是"那些不以追求利润最大化为目的，旨在有效地增进与公平地分配社会公共利益的调控活动"，其根本目的在于为社会和公众提供服务。

新加坡是国际公认的市场经济体制国家，但是在城市发展目标与土地开发上强调政府的主导权，强调新加坡整体社会经济发展目标，打击土地投机，通过为人民提供舒适廉价的住房以及高效的基础设施、优美的生活环境，保证居民的基本居住权，以确保新加坡社会稳定。因此，在土地开发类型上，也是按照这个原则，划分为非营利性为主的公共组屋开发、工业用地开发，以及以营利性为主的吸引私人投资的办公、商业建筑和高级住宅的两种性质、三种类型的开发用地，以区分政府管理目标。

我国作为社会主义国家，公共利益一贯占据价值评价的首位，这既体现了我国"天人合一"的整体观念，也符合现代可持续发展观。城乡规划管理理念应该秉承这一发展目标，借鉴新加坡分类土地管理等方式，以整体利益为重，以公共职能为主，在非公共空间领域主要以监控、引导管理方式为主，激活空间竞争，放权市场发展。

3. 改革的多样性

很多学者认为借鉴国外经验是赶超国际规划管理的一条捷径，而实际上这一做法忽略了经济水平、管理能力、机构设置、人员储备的差异。米歇尔·福柯（Michel Foucault）指出，想脱离当代的现实去构想、制订出有关某种社会、思想、文化的整体方案，这种做法是危险的。中国幅员辽阔，不同地区的经济文化条件、规划管理能力、配套法规与市场水平等不同，统一的规划管理体制改革路径也会出现"南橘北枳"、水土不服的现象。尊重规划管理的多样性，避免规划管理手段的高下之分，因地制宜地采用适合的改革路径才是理性的选择。

10.5.2 市场化改革路径选择

1. 渐进式市场化改革路径

城乡规划管理体系庞大，现有管理制度成熟，市场化改革虽然不至于牵一发而动全身，但管理体制调整必然涉及相关配套制度建设、管理部门分工、人员协调等众多问题。因此，渐进式改革可以逐步积累经验，促进政府管理水平的提高，防止大面积改革带来的社会动荡，是一种稳妥的改革路径。渐进式改革路径中需要着重在编制内容、管理方式、合作机制、管理手段上逐步引入市场力量，协调公共与私人利益，推动城乡规划管理体制变革。

从物质规划到策略规划。我国城乡规划编制内容以物质空间规划见长，但新开发地块土地成本占开发总成本的7%～10%，远远低于劳动力等其他生产资料成本所占比例，因此"五通一平"基础设施的吸引力越来越小；而景观与文化特色越来越成为吸引人的城市要素。20世纪60年代开始的美国巴尔的摩复兴工程，一方面通过政府投资基础设施改造，建立贯通整个地区的生态游憩环境，改善公共环境；另一方面，在滨水地区修建国家水族馆，特别是在城市节日中举行各种游行活动，以城市文化活动的改善吸引众多游客，将衰退的港口城市变成著名的商业、旅游业城市，成为政府旧城改造的典范。城乡规划管理的关注点逐步从物质空间转移到政策策略，逐步用公共策略引导空间发展而非严格的物质空间控制。

建立多级合作机制。现有政府单一管理主体使得管理漏洞弥补困难，群众参与积极性不高，社会资源利用不充分。英国在1970年提出合作伙伴组织方式，是政府为经济发展重构公共与私营经济的界限而提出的，随着公共管理理论、民主社会的发展，今天已广泛运用到跨越区域、城市、社区各层面，横跨中央、地方、私有部门与非营利组织。

非营利组织（NGO）在协调政府与市场主体之间的关系、培育社区自治能力与参政议政文化土壤、促进公众参与城乡规划事务、了解社会诉求方面都可以起到积极作用。笔者认为，可以从行业协会、大学及社会研究机构三方面力量积极推动多级合作机制。首先，中国城乡规划协会已发展成为有7个专业委员会、800多个会员单位的大型行业协会，然而作为协会组织，除了进行学科交流、作品评定之外，其参与城乡规划编制管理与协调多方面利益的职责并没有充分发挥出来，此外，可以吸纳旅游、商业等相关行业协会进入城市规划管理部门，共同促进城市发展；其次，大学为未来培养人才，既需要理论教学也需要大量社会实践，且由于其社会道德感强、非营利性经营，在国外发达国家，大部分社区调研与协调、历史街区摸查及规划等工作由大学师生完成；再次，社会众多研究机构也可承担政府与市场的沟通工作，参与政府规划、政策制定等工作。随着多级合作机制的建立与推广，社会上各类力量可以参与其中，必定可以解决我国现有规划管理上的较多问题。

明确政府自由裁量权。我国规划管理方式过于僵硬，体现在缺乏自由裁量权，众多规划调整集中由单一部门负责，往往需要排队数月等待审批，效率低下且机会成本高昂。不能因为政府自由裁量权的设立会出现寻租机会而因噎废食。只有留有管理余地，在政府不同规划管理部门间下放相应自由裁量权，才能灵敏适应市场波动与不同企业需求。英国城市规划部门享有较高的自由裁量权，但很少见到贿赂行为，主要原因是犯罪追诉期长、监管严格。曾有报道，伦敦某规划管理人员因收受地产商一瓶红酒而引咎辞职，可见监管之严。此外，管理决策制度上的民主化、公开化及上诉机制也能很好地解决自由裁量权带来的贪腐问题。

2．突变式市场化改革路径

突变式改革容易引起社会震动，但在城市管理水平高、人才储备充足、市场机制健全且市民接受程度高的地区，可以充分利用市场优势，设置市场改革试点区域，借鉴国内外经验，建立弹性管理制度，放权市场决策土地使用性质，利用减免税收、经济资助等经济手段引导空间发展。然而在我国中西部地区，由于经济发展落后，市场机制不健全，政府组织生产经营是不可避免的，盲目照搬发达地区的管理经验，硬性的管理权下放只会导致企业"搭便车"现象更加严重，反而更影响城市开发建设。

划定市场改革试点区域：法国从20世纪60年代末开始实行协商规划区（ZAC），在城市旧城或新区划分出特定地段，单独制定规划，通过市场途径获得土地，自由委托开发商实施项目建设，充分利用市场机制促进该地段建设。这已经成为法国城市改造与开发的重要模式。英国始于1980年划定的企业区，也是利用市场力量对重点地区进行改造的试点。一些实验性的公共管理社会化运营制度可以在该区域先行先试，促进政府学习市场机制，在城市建设上从直接干预转变为间接调控。

弹性管理制度：借鉴澳大利亚的性能规划、《可持续发展规划法》的用地弹性管理模式，不硬性规定土地用途，主要关注公共利益的部分，如生活或生产所带来的实际影响（也就是这些活动的"性能"），如噪声、光、气味环境污染以及消防等来确定土地用途是否被允许，只要这些指标符合，这块土地就可以用于任何用途。借鉴这种管理方式有可能改变我国现有管理过细、束缚市场活力的现状，促进实现简·雅各布斯所提倡的土地混合使用。

建立税收等经济奖罚制度：市场经济效率由产权结构和交易费用决定，住房的开发要素如土地、建筑材料、劳动力、开发资金等都是当地的要素，针对这些要素的经济政策无疑对市场效率有着重要影响。美国的开发影响费是开发商为了开发地块外的基础设施配套所必须支付的费用，也可以通过规划连带要求开发商为城市提供诸如低收入住宅、社区服务设施等公共设施，使得商业开发收益越高越需要支付相应费用。英国也有土地增值税、开发土地税、开发收费等与土地规划相关的税收。新加坡允许分区开发指导的规划条件变更（如开发强度和区划用途），前提是经过规划部门批准，但由于人口容量增加、市政设施增多等造成土地成本提高以及用地性质变更导致的土地增值，必须通过向市区重建局（Urban Redevelopment Authority）上缴开发费，保证规划管理具有较强的适应性与弹性，为市场参与土地开发变更提供途径。我国台北都市更新中容积率金融化，通过容积奖励的政策杠杆，将规划许可的容积率转化为金融房地产的利润率，吸引民间资本投入都市再开发。虽然激进的方式遇到小业主等社会力量的抵抗，但其符合市场运营规律，引导市场空间需求的管理思路不失为值得借鉴的手段。

回首以往国内外成功管理经验，无论是西方国家管理从"科层制治理"到"新公共管理"，再到"后公共管理"，还是城乡规划从技术理性到政策属性的变革，任何合理的规划管理模式都需要配套规划编制、审批、实施、监督和评估整套运行机制，协调垂直上下部门、横向相关部门的管理权限和联动机制，以及应用丰富、合理及人性化的管理策略和技术办法。对我国现阶段而言，规划管理改革面临着完善与超越现有管理制度的双重任务，因此需要调动全社会资源，在教学机构上调整城乡规划教学目标，在研究上引入经济、公共管理、法律学人才促进多学科融合探索，在实践上探索规划管理方式的市场化途径必须明确建立。只有勇于尝试与努力创新，才能推动政府转型下城乡规划管理上的转型。

10.6　商务办公空间管理内容与管理方法

由前面几章的分析可以看到，引导商务办公建筑布局的要素有很多，因此首先要区分哪些是城市规划管辖的公共物品与资源的范畴，哪些是市场管理的范畴，分清楚这些后才能有针对性地采取具体的管理方法。由于这部分不属于本书主要讨论的问题，因此只建构了研究框架，作为阐述商务办公空间政府管理的构想。

10.6.1   商务办公空间的公共范畴管理方法

商务办公建筑所涉及的周边建筑及外部使用者（或者利益团体）的共同利益要素都应该受到政府的城市规划管理，因为这是市场所不能管理的范畴，但市场外部性又影响着外部环境，因此要规范化，以保证社会整体的利益。

1．强制性指标控制

这部分主要涉及公共利益，由政府强制控制，最好采用行业规章或地方性法规的形式，以便规划师统一遵守，减少规划的修改。

2．商务办公建筑的性能规划

商务办公建筑的性能规划是将办公建筑关注点转为公共利益，也就是由办公生活所带来的或者引发的实际情况与影响来确定办公活动是否合适与被容许。如果日照、噪声、视线干扰、人流干扰、反光、气味、振动、私密性等指标符合，这块土地就可以用于办公用途或者以办公为主的混合用途。相反，如果有私密性等更高要求，则只能用于居住用途。这样做与直接的空间控制不同，留有更多的弹性与混合的可能。

这样通过性能规划，商务办公建筑将可以与其他功能在平面和立体空间上进行复合使用，使得紧凑化的空间建设在规划方法上有进一步的突破。

3．商务办公建筑的公共性空间

作为常规城市规划的空间控制途径，公共性空间如广场，公共通道，人行、车行出入口，是政府需要控制的，因为这涉及地块与地块之间的规章，由政府协调具有较强的权威性，并且节约了私下协商的管理成本。

4．商务办公建筑的公共安全：消防、抗震、生态污染

对于涉及公共空间安全的设施和要求，如消防、抗震、生态安全等也要进行强制性控制，以保证公共利益，这方面多在各规范中有所规定，但可以整合以便公共空间统一使用。

5．引导性指标控制

有些要素介于公共利益与私人利益之间，不能强制管理，也不能不进行控制，因此应该加以引导。这些要素主要涉及景观，各地区都有其特色，因此需要不同地区制定不同的引导措施。

6．商务办公建筑的公共空间

在公共空间上主要对空间的尺寸、坡度、采光、通风、残障人士通过要求进行硬性控制，以保证市民的公共权利；对植被、铺装、色彩、材质、装饰等非强制性内容应该进行设计指引，以统一公共环境的艺术风格。

7．办公建筑的公共景观

办公建筑涉及的公共景观内容包括建筑高度、体量、形态、色彩、建筑材料等，虽

然这主要是由市场、业主喜好决定的，但由于建筑体量大、公共性强，在一些地区特别是历史街区需要进行引导性控制，甚至进行强制性控制。

8．鼓励性控制

在用地业主为公共空间或景观作出贡献并长期维护的条件下，为鼓励这种公益性行为，可以进行相应的局部奖励。

9．发掘比较优势与开发特色

经济学的次优理论，简单来说是指"只要个别长处达到最优，不一定输过各条件都满足的最优状态"。在当今物质较为丰富与国际一体化的背景下，特色优于各方面都均衡发展，在管理学的木桶理论中也有类似的结论。因此，要促进商务办公建筑的优势开发不必处处占据第一位，而是在一定的产业上形成比较优势，形成产业开发特色，才有助于商务办公建筑的聚集及可持续发展。

10.6.2　商务办公空间的管理范畴

商务办公建筑中涉及周边建筑及外部使用者（或者利益团体）的利益要素，并且受到市场价格对资源的管理，应该以市场调控为主，政府只是通过补贴或税收减免来进行经济再分配以及保持公平的竞争环境。

1．办公用地的使用空间规模

办公建筑周边和内部主要为内部使用空间，如内部交通空间、停车场等，可以完全由建设方按照市场需求决定其规模，也可以根据城市规划远景控制，设置其上限与下限，上限保证周边设施利益不被侵占，下限保证土地资源使用充分而不被浪费。

2．办公建筑的规模

办公建筑的规模包括建筑密度、开发强度等，这些涉及对公共设施的占用，如城市规模越大，对城市道路、供水、供电的设施使用越多，因此要以"使用越多，付出越多"为原则，设置下限，以及在不能占有他人土地上的自然采光、通风的权利基础上，按照城市的地段、道路密度等划定不同的税收标准，对办公开发规模进行相应的税收。一方面可以保证交通及设施管道的稳定使用，不会突然变化；另一方面，在弹性范围内，以市场的手段来配置空间资源，而不是人为划定。这样可以在开发强度不确定的"囚徒困境"状态下使得开发商遵循真实性原则，按照实际需要进行建设，避免人为投机。这也会促使开发商在没有达到合理开发的地段预留今后发展的地块，或按照城市发展的状态重建地块建筑。

市场管理的优点是把城市规划中缺乏详细信息背景下作出的控制开发强度的决策，变成各地块开发商在收集详细信息后进行的开发决策，并且动态适应城市发展的环境，而不是特定时段确定下来的固化的开发指标。按照经济学的观点，对市场进行控制时最好使用市场的方法，这样会减少市场排斥。但这也使得管理成本增加，使得税收设置成为难点。如果税收过低，将鼓励建筑高密度开发；税收过高，则抑制开发商开发的欲望。而税收调节引导城市发展的问题也会有一段时间的缓冲后才能体现出来，问题滞后出现。但是从中国20世纪80年代后的市场改革经验来看，这种方式还是利大于弊，有助于促进城市发展。

10.6.3　商务办公空间的模块化管理方式

模块化管理的方式实际上是对一个大系统进行相对独立的子系统再划分，是将一个复杂问题自上向下地划分为若干个简单问题的层化过程。这种方式普遍运用在社会集成化程度较高的大系统工程中，是解决大项目分工合作的良好方式。在计算机领域，由IBM最早创造的模块化战略激起了计算机产业的飞速发展，导致整个信息产业结构的根本性变化。在城市的总体规划中也可以运用类似的解决方式，即使其理论与操作模式尚不成熟。

模块化管理理论将模块看成是构成系统的一个相对完整的组成部分，具有独立的功能，模块间形成统一的输入输出单元，以便相同类型的模块可以相互替换，相关模块排列组合可形成最终的系统（产品），多样化的组合使产品呈现出多样化的表现，以满足个性化需求。通过对模块的内部系统以及模块之间关系（如组合关系、层级关系）的管理来确定整个大系统的管理，这是一种有效处理复杂系统的开放性方式。

现代企业专业分工细化，技术日益复杂，模块化可以使企业对日益增长的复杂技术应对自如，不同企业类型可以负责不同模块研发，通过外包与组装，融合整个社会的力量进行生产，更能够促进产品规模化生产，以减少生产成本，维持稳定的质量。另外，通过不同模块的不同组合方式可缩短产品上市时间，获得最佳获利时间。因此，模块化管理方式是在通用化与定制化、标准化与柔性化、最小支出与最大收益之间的良好解决方式。

商务办公空间的模块化管理方式，一方面可以简化管理方式，另一方面模块化的灵活组织不会限制商务办公建筑及其周边环境的组织与发展。

10.7　商务办公空间管理主要内容建议

从前几个章节的研究中可以看到，办公建筑主要由市场调节。编制城市规划时，应该在保证公共利益的前提下，通过引导的方式促使商务办公建筑紧凑化发展，而不是强制性控制，这样有助于调动开发商的积极性，促进商务办公建筑发展。因此，为了保证市政设施的公共投资效率，需要通过城市规划控制最低建设开发强度，促进规模效应的产生；通过交通、医疗卫生及公共教育等公共设施的建设来引导不同类型商务办公建筑的聚集与发展；通过税收、经济奖罚制度等经济方法来引导其紧凑化发展。

10.7.1　鼓励相关商务办公产业聚集以实现商务办公建筑聚集

从办公企业的空间决策模式分析结果可以看出，产业链是商务办公建筑聚集的要素，而对于市场来说，通常考虑的重心是近期利益，因此需要政府推动企业以长远利益为出发点，鼓励办公产业的聚集，以便形成产业链，进而促进整个产业的竞争与发展。从调研来看，政府应该以较为实际的补贴或退税的形式为基础，以远期的园区产业政策为指导，这样，近期利益及长期升值的远景可以极大地带动办公企业的紧凑化发展。

此外，一般产业链都是围绕一些大型核心的办公企业形成中小型企业群，因此，引进大型办公企业也可以作为商务办公建筑聚集的重要手段。在建筑布局上也要注重大、中、小企业的商务办公建筑搭配，既有适合大型办公企业的高级写字楼，也有适合中小企业的开间小、等级低的写字楼或商住楼，以供不同企业选择，形成企业聚集的生态环境。

10.7.2　增设地块最低建设开发强度

改变原有城市规划中开发强度只设置上限的做法。以深圳某生态工业园区为例，设计时设置了工业建筑最大容积率，但由于用地缺乏，最后转为设置最小容积率，鼓励多层厂房建设。在用地紧张的东莞和佛山，工业用地规划也出现过这种情况。广州则是改变设置厂区最低绿地率为最高绿地率。这些都是促进地块向高强度开发的转变。同样，在办公建筑的城市规划控制上，原有的只规定上限的方式会抑制开发商的集聚化要求，而设置下限可以保证在我国土地有限的情况下提高土地的使用效率。

10.7.3　公共设施的建设引导

商务办公空间与公共服务及教育设施如相关政府机构、大学等都有相互作用。例如，政府机构旁会聚集服务政府与企业的中介公司，在大学周边通常会形成以大学较为强势学科为主的对外研发机构群，如同济大学周边的建筑规划一条街。政府可以利用直接掌握投资、建设公共设施的优势去引导商务办公建筑的集聚化发展。另外，通过公共建筑的集聚也可以引导商务办公建筑的集聚，其分类发展也会导致相关商务办公建筑的分类聚集。

10.7.4　空间奖罚措施与政策引导

开发空间转让制度是对历史建筑等特殊建筑的重要保护方式，在设置开发上限的同时，使开发空间转移以适应市场需求，具有较大的适用性。可以将没有使用的空间对外转移，既保证了土地使用者的经济权利，又满足了地块的特殊使用要求，如对历史性特殊建筑物周边的空间转移有利于历史建筑的保护，且不能影响周边产权人合法使用权利。那么，购买了历史建筑周边剩余空间的发展权而使利益增加受限的，在只控制开发下限的情况下，不能转让开发空间，只能转让税收，可以减免转让空间当量的税收。

空间的奖罚措施因此也只能是税收的奖罚，但这对于经济收益大于税收的开发商来说，作用比直接奖励建筑空间要小得多。因此，还需要配套的相关政策引导，才能弥补不足。

对于城市规划重点引导的地区，对开发商的税收减免以及对使用者的租金退税等是很好的经济控制手段。例如广州市南沙区，甚至会对具体地段提出具体的优惠经济措施。

10.8　小结

本章通过对城市规划中市场与政府的责任划分历史发展、现有问题以及国内外的研究成果进行分析研究，提出了商务办公建筑紧凑化发展的城市规划管理方法的构想。

进行宏观与微观层面的城市规划控制。

在宏观层面，采用"粗线条"的结构规划，通过分析各地块的区位优势、人才特征等，确定区域的商务办公建筑发展方向，制定宏观各地区的职能分工与微观发展的原则、约束等规章制度。这类规划主要以政策为主，配套使用各种经济税收及荣誉鼓励等手段，促使政策落实。对于需要落地的设施则以图纸为主，如落实道路的走向，公共设施的布局有相应指标要求。这些也属于弹性的地理空间布局，并非要严格地确定坐标。

在微观层面，政府更多的是明确规划布局所涉及的公平的内容，如公共步行道、公共绿地、公交站点、公共停车场、消防站、垃圾站等设施的布局，以对公共设施进行布点、布线与集聚开发，引导商务办公建筑布局合理化与紧凑化发展。对建筑与建筑、建筑与道路、建筑与绿地之间的关系形成一系列规章制度，使得各要素之间相互尊重，作为详细规划及建筑设计所遵循的原则。

在法律层面，通过对普遍性的办公建筑开发强制性指标的建立，确保一个地块开发不会造成对其他地块及公共环境的负面影响；另外，对景观环境等的引导性控制，会使各城市由地方特征形成各具特色的城市景观，而不会"千城一面"。

在制度层面，城市规划对商务办公建筑的紧凑化发展设置开发下限等政策的转变（由于税收远低于开发建设带来的利益），必然极大地激励开发商的高强度建设，高强度使用土地。可能有人质疑这个政策是否会给城市空间带来环境污染等负面效应，这其实也促使城市规划转归本质，进行公共环境保护与控制的研究，让市场的问题由市场来把控，公共环境的问题由城市规划来把控。

参考文献

[1]   美国ESRI Inc. Arc View GIS使用手册 [M]. 北京：地震出版社，2000.

[2]   奥利弗·吉勒姆. 无边的城市——论战城市蔓延 [M]. 叶齐茂，倪晓晖，译. 北京：中国建筑工业出版社，2007.

[3]   丹尼斯·迪帕斯奎尔，威廉·C. 惠顿. 城市经济学与房地产市场 [M]. 龙奋杰，等译. 北京：经济科学出版社，2002.

[4]   中华人民共和国国家统计局. 2014年中国统计年鉴 [M]. 北京：中国统计出版社出版，2014.

[5]   DOYLE D G. 美国的密集化和中产阶级化发展——"精明增长"纲领与旧城倡议者的结合 [J]. 国外城市规划，2002（3）：2-9.

[6]   QI L H, JIA L Q, LUO Y B, et al. The external characteristics and mechanism of urban road corridors to agglomeration: Case study for Guangzhou, China [J]. Land, 2022（11）：11.

[7]   KIM K, CHOO S J, NAHM K-B. Spatial demand estimation for the knowledge-based industries in the capital region of Korea [J]. Journal of the Korean Geographical Society, 2003（3）：363-374.

[8]   戴松涛，田燕. 高层办公建筑的标准层与核心组织 [J]. 国外建材科技，2004（5）：99-100, 105.

[9]   LIU D. Modelling the effects of spatial and temporal correlation of population densities in a railway transportation corridor. Eur. [J]. Transp. Infrastruct. Res, 2015（3）：243-U123.

[10]   MA Z, LI C, ZHANG J. Transportation and land use change: Comparison of intracity transport routes in Changchun, China [J]. Journal of Urban Planning and Development, 2018（3）.

[11]   MIEHAELBATTY N, ELENA B. State of the art review of urban sprawl lmpacts [J]. Measurement Technique, 2002（4）.

[12]   NIU F, WANG F, CHEN M. Urban land use-construction and application of integrated transportation model [J]. Geographic Science, 2019（29）：197–212.

[13]   PATSY H. The Reorganisation of state and market in planning [J]. Urban Study, 1992（29）：411–434.

[14]   TAAFFE E J, KRAKOVER S, GAUTHIER H L. Interactions between spread-and-backwash, population turnaround and corridor effects in the inter-metropolitan periphery: A case study [J]. Urban Geogr. 1992（13）：503–533.

[15]   THORNGREN B. How do contact affect regional development [J]. Enviroment and planning, 1970（4）：409-427.

[16]   阿德里安娜·施米茨. 房地产市场分析案例研究与方法 [M]. 北京：中信出版社，2003.

[17]   白明. 基于评价模型的北京中央商务区发展的综合评价和对比分析 [J]. 工业技术经济，2005（5）：98-100.

[18]   曾繁龙. 广佛大都市区生产性服务业空间聚类研究 [D]. 广州：广州大学，2019.

[19]   曾玛丽. 基于使用后评价的城市中央商务区服务设施规划研究 [D]. 深圳：深圳大学，2019.

[20]   陈秉钊，范军勇. 知识创新空间论 [M]. 北京：中国建筑工业出版社，2007.

[21]   陈秉钊. 他山之石，攻我陈规——谈城市规划的改革 [J]. 国外城市规划，2000（3）：26-29, 43.

[22]   陈秉钊. 控制性详细规划综述 [J]. 城市规划汇刊，1990（5）：29-32, 56.

[23]   陈昌勇. 几种提高居住密度方法的量化评价 [J]. 城市规划，2010（5）：66-71.

［24］ 陈冬冬，郭婧. 北京与伦敦：商务区转型发展趋势与更新启示［J］. 北京规划建设，2022（1）：32-39.

［25］ 陈嘉明. 现代性与后现代性十五讲［M］. 北京：北京大学出版社，2006.

［26］ 陈建华. 广州社会形势分析与预测［M］. 广州：广州出版社，2006.

［27］ 陈劲松. 规划的市场评价［M］. 北京：机械工业出版社，2004.

［28］ 陈前虎，潘聪林，吴昊. 杭州滨水商务空间发展研究［J］. 浙江工业大学学报（社会科学版），2016，15（4）：375-381.

［29］ 陈伟新. 国内大中城市中央商务区近今发展实证研究［J］. 城市规划，2003（12）：18-23.

［30］ 陈彦光. 基于Excell的地理数据分析［M］. 北京：科学出版社，2008.

［31］ 陈一新. 深圳CBD中轴线公共空间规划的特征与实施［J］. 城市规划学刊，2011（4）：111-118.

［32］ 陈瑛. 特大城市CBD系统的理论与实践-以重庆和西安为例［D］. 上海：华东师范大学，2002.

［33］ 程立福. 广州写字楼自然空置率研究［D］. 广州：广东工业大学，2007.

［34］ 仇保兴. 中国城市化进程中的城市规划变革［M］. 上海：同济大学出版社，2005.

［35］ 戴德胜，姚迪，刘博敏. 公司总部办公选址因子分析——以北京市总部办公分布为例［J］. 城市规划学刊，2005（3）：88-94.

［36］ 戴军，李翠敏，白光润. 上海市中心城区商务办公区区位研究［J］. 上海城市规划，2006（1）：10-13.

［37］ 邓潇潇. 北京东二环商务区功能提升与商业配套对策研究［J］. 特区经济，2013（8）：141-144.

［38］ 邓小平文选：第3卷［M］. 北京：人民出版社，1993.

［39］ 丁成日. 城市密度及其形成机制：城市发展静态和动态模型［J］. 国外城市规划，2005（4）：7-10.

［40］ 丁健. 现代城市经济［M］. 上海：同济大学出版社，2006.

［41］ 窦寅. 国内外城市商务区绿色交通规划实践及研究综述——兼谈对上海商务区的指导意义［J］. 城市建筑，2021，18（26）：60-63.

［42］ 方远平，闫小培，毕斗斗，等. 转型期广州市服务业区位演变及布局特征［J］. 经济地理，2008（3）：370－376.

［43］ 方远平. 大都市服务业区位理论与实证研究［D］. 广州：中山大学，2004.

［44］ 付磊. 全球化和市场进程中大都市的空间结构和演化［D］. 上海：同济大学，2008.

［45］ 付予光，李京生. 国内城市规划关于不确定性研究综述［J］. 上海城市规划，2010（3）：1-5.

［46］ 傅伯杰，陈利顶. 景观生态学原理及应用［M］. 北京：科学出版社，2001.

［47］ 傅金龙. 城市空间形态定量分析研究［M］. 南京：东南大学出版社，2007.

［48］ 尕让卓玛. 商务办公楼地价时空分异特征及演变机理研究［D］. 杭州：浙江大学，2021.

［49］ 龚嘉佳. 杭州市城市创新空间分布与演化机制研究［D］. 杭州：浙江大学，2020.

［50］ 龚义，吴小平，欧阳安蛟. 城市土地集约利用内涵界定及评价指标体系设计［J］. 浙江国土资源，2002（2）：44-47.

［51］ 广州房地产二十年（1985—2005）［M］. 广州：房地产导刊社，2005.

［52］ 广州市基本单位普查领导小组办公室. 广州市基本单位情况分析［M］. 广州：广州市统计局，1999.

［53］ 广州市第二次基本单位普查［M］. 北京：中国统科出版社. 2003.

［54］ 郭岚，农卫东，张祥建. 现代生产性服务业的集群化发展模式与形成机理——基于伦敦和纽约的比较［J］. 经济理论与经济管理，2010（10）：60-66.

［55］ 韩晓晖. 居住组团模式日照与密度的研究［J］. 住宅科技，1999（9）：6-9.

［56］ 何芳. 城市土地经济与利用［M］. 上海：同济大学出版社，2004.

［57］ 和朝东，杨明，石晓冬，等. 北京市产业布局发展现状与未来展望［J］. 北京规划建设，2014（1）：25-29.

［58］ 洪群联. 服务业就业的变化特征与发展趋势［J］. 宏观经济管理，2021（10）：26-32，40.

［59］ 胡华颖. 城市·空间·发展：广州城市内部空间分析［M］. 广州：中山大学出版社，1993.

［60］ 扈万泰. 城市设计运行机制［M］. 南京：东南大学出版社，2002.

［61］ 贾生华，聂冲，温海珍. 城市CBD功能成熟度评价指标体系的构建——以杭州钱江新城CBD为例［J］. 地理研究，2008（3）：649-658.

［62］ 姜凯凯. 空间资源配置视角下城市规划的转型策略研究——基于我国市场经济实践的思考［J］. 城市规划，2021，45（1）：30-38，61.

［63］ 蒋岳林. 交通发展对土地利用变化的影响机制研究［D］. 四川：四川师范大学，2015.

［64］ 金探花，杨俊宴，史宜. 上海中心区商务功能空间集聚的测度与机制分析［C］//2018中国城市规划年会论文集. 2018：1-9.

［65］ 金相郁. 20世纪区位理论的五个发展阶段及其评述［J］. 经济地理，2004（3）：294-298.

［66］ N.格列高里·曼昆. 经济学原理［M］. 北京：机械工业出版社，1998.

［67］ 雷霄雁. 中央商务区的合理街廊尺度研究［D］. 广州：华南理工大学，2014.

［68］ 李翅. 土地集约利用的城市空间发展模式［J］. 城市规划学刊，2006（1）：49-55.

［69］ 李宏，王先庆. 广州GDP构成与贡献的比较分析［J］. 现代商业，2007（10）：153-155.

［70］ 李江帆，李冠霖. 广东第三产业的发展特征、转型问题及发展思路［J］. 南方经济，1998（4）：71-73.

［71］ 李江帆，潘发令. 第三产业消耗系数和依赖度的国际比较［J］. 宏观经济研究，2001（5）：56-63.

［72］ 李京文，张广宁. 广州城市经济与城市经营战略［M］. 北京：方志出版社，2005.

［73］ 李琳. "紧凑"与"集约"的并置比较［J］. 城市规划，2006（10）：22-26.

［74］ 李朋. EXCELL统计分析实例精讲［M］. 北京：科学出版社，北京科海电子出版社，2006.

［75］ 李萍萍，吕传廷，袁奇峰. 广州市总体发展概念规划研究［M］. 北京：中国建筑工业出版社，2002.

［76］ 李霞. 生态安全约束下的城市土地集约利用评价与模式选择［D］. 重庆：西南大学，2011.

［77］ 广州建设年鉴［M］. 广州建设年鉴编纂委员会，2002－2007.

［78］ 梁东. 对柔性生产的认识［J］. 商业研究，2001（9）：26-28.

［79］ 梁鹤年. 开发管理和表性规划［J］. 城市规划，2000（3）：34-37.

［80］ 梁江，孙晖. 模式与动因——城市中心区的形态演变［M］. 北京：中国建筑工业出版社，2007.

［81］ 广州城市规划发展回顾编纂委员会. 广州城市规划发展回顾（1949—2005）［M］. 广州：广东科技出版社，2006.

［82］ 林树森，戴逢. 规划广州［M］. 北京：中国建筑工业出版社，2006.

［83］ 刘骏，蒲蔚然. 基于经济可行性要求的居住用地容积率控制［J］. 城市规划，2012（11）：70-73.

［84］ 刘明. 解读CBD［M］. 北京：中国经济出版社，2006.

［85］ 刘熙瑞. 服务型政府——经济全球化背景下中国政府改革的目标选择［J］. 中国行政管理，2002（7）：5-7.

［86］ 刘逸，闫小培，周素红. 中外CBD研究分析与比较［J］. 城市规划学刊，2007（1）：25-32.

［87］ 刘云亚. 密度分区对开发强度控制实施效果评价研究——以我国南方某大城市为例［J］. 城市规划，2012，36（3）：71-75.

［88］ 吕传廷. 快速发展时期广州城市空间结构性增长研究［D］. 广州：中山大学，2004.

［89］ 马刚，李海宁，徐逸伦. 城市土地清理分析——以南京市为例［J］. 地理与地理信息科学，2005（3）：56-59.

［90］ 马荣华，蒲英霞，马晓冬. GIS空间光亮模式发现［M］. 北京：科学出版社，2006.

［91］ 马奕鸣. 紧凑城市理论的产生与发展［J］. 现代城市研究，2007（4）：10-16.

［92］ 毛蒋兴，闫小培. 城市交通干道对土地利用的廊道效应研究——以广州大道为例［J］. 地理学与地球信息科学，2004（5）：58-61.

［93］ 毛蒋兴，闫小培. 20世纪90年代以来我国城市土地集约利用研究述评［J］. 地理与地理信息科学，2005（2）：48-52，57.

［94］ 尼格尔·泰勒. 1945年后西方城市规划理论的流变［M］. 北京：中国建筑工业出版社，2006.

［95］ 宁越敏，刘涛. 上海CBD的发展及趋势展望［J］. 现代城市研究，2006（2）：67-72.

［96］ 宁越敏. 上海市区生产服务业及办公楼区位研究［J］. 城市规划，2000（8）：9-12，20.

［97］ 牛艳华. 高新技术产业区位及其对城市发展的影响——以广州市软件业为例［D］. 广州：中山大学，2005.

［98］ 欧雄，冯长春. 城镇土地率利用潜力评价——以广州市天河区为例［J］. 地域研究与开发，2007（5）：100-104.

［99］ 帕特里夏·英格拉姆. 公共管理体制改革的模式［C］//国家行政学院国际交流部. 西方国家行政改革述评. 宋世明，等译. 北京：国家行政学院出版社，1998.

［100］ 戚路辉，陈苑仪，李建军. 广州市个人创新空间分布特征探析——基于2019年个人实用新型、发明专利申请数据的研究［J］. 城市建筑，2021，18（13）：50-55.

［101］ 戚路辉，肖大威，杨思声. 城市规划管理中政府与市场职责划分的探讨［J］. 华中建筑，2012（2）：130-132.

［102］ 钱本德. 住宅紧凑外形探讨［J］. 住宅科技，1994（8）：15-17.

［103］ 秦波，王新峰. 探索识别中心的新方法——以上海生产性服务业空间分布为例［J］. 城市发展研究，2010，17（6）：43-48.

［104］ 渠丽萍，姚书振. 城市土地集约利用的系统分析［J］. 土地市场，2004（10）：64-66.

［105］ 尚于力，申玉铭，邱灵. 我国生产性服务业的界定及其行业分类初探［J］. 首都师范大学学报（自然科学版），2008（3）：87-94.

［106］ 申革联. 广州写字楼区位格局演变及经济学思考［J］. 交流，2007（6）：82-84.

［107］ 施梁，施天宁. 让城市规划面向市场［J］. 规划师，2015，31（4）：5-9.

［108］ 史北祥，杨俊宴. 亚洲城市中心区的极核结构［M］. 南京：东南大学出版社，2016.

［109］ 史宜，杨俊宴. 城市中心体系时空行为大数据研究［M］. 南京：东南大学出版社，2020.

［110］ 唐立峰. 生产性服务业的就业效应［D］. 杭州：浙江工商大学，2013.

［111］ 唐培峰. 三季度阴霾笼罩四季度有望复苏［N］. 广东建设报. 2022-10-12（2）.

［112］ 唐晓莲. 广州写字楼发展研究［D］. 广州：中山大学，2006.

［113］ 田莉，吕传廷，沈体雁. 城市总体规划实施评价的理论与实证研究［J］. 城市规划学刊［J］，2008（5）：90-96.

［114］ 王富海，袁奇峰，石楠，等. 空间规划—政府与市场［J］. 城市规划，2016，40（2）：102-106.

［115］ 李文翎，阎小培. 城市轨道交通发展与土地复合利用研究——以广州为例［J］. 地理科学，2002（5）：574-580.

［116］ 王建国. 城市设计［M］. 南京：东南大学出版社，2004.

[117] 王丽新. 三季度北京写字楼空置率为16.4%市场进入3年至5年去化周期 [N]. 证券日报, 2022-09-28（A03）.

[118] 王如渊, 李燕茹. 深圳中央商务区的区位转移及其机制 [J]. 经济地理, 2002（2）: 165-169.

[119] 王晓玲. 广州解放60年 [M]. 北京: 红旗出版社, 2011.

[120] 王燕. 杭州生产性服务业发展及其影响因素分析 [D]. 杭州: 浙江工商大学, 2010.

[121] 王燕青, 杜倩倩, 赵福军, 等. 北京CBD发展之路回顾与解析 [J]. 中国发展观察, 2019（5）: 48-56.

[122] 王一, 卢济威. 基于行为特征的CBD形态——杭州运河江河交汇区城市设计 [J]. 城市规划学刊, 2008（2）: 39-44.

[123] 温锋华, 许学强, 李立勋. 西方国家办公空间研究综述 [J]. 世界地理研究, 2008（2）: 85-94.

[124] 温锋华. 改革开放以来广州商务办公空间结构演变及其机制研究 [D]. 广州: 中山大学, 2008.

[125] 武占云. 上海中央商务区建设实践与启示 [J]. 城市观察, 2018（3）: 83-91.

[126] 夏南凯. 城市经济与城市开发 [M]. 北京: 中国建筑工业出版社, 2003.

[127] 谢守红. 大都市区的空间组织 [M]. 北京: 科学出版社, 2004.

[128] 徐霞. 我国城市土地集约利用经济学分析 [D]. 南京: 海河大学, 2007.

[129] 许锋. 中国房地产业与国民经济增长关系的实证分析 [D]. 长沙: 湖南大学, 2007.

[130] 阎小培, 姚一民, 陈浩光. 改革开放以来广州办公活动的时空差异分析 [J]. 地理研究, 2000（12）: 359-368.

[131] 阎小培, 周素红, 高密度开发城市的交通系统与土地开发利用——以广州市为例 [M]. 北京: 科学出版社, 2006.

[132] 阎小培, 许学强. 广州城市基本—非基本经济活动的变化分析——兼释城市发展的经济基础理论 [J]. 地理学报, 1999（4）: 13-22.

[133] 阎小培, 姚一民. 广州第三产业发展变化及空间分布特征分析 [J]. 经济地理, 1997（2）: 41-48.

[134] 阎小培, 周春山, 冷勇, 等. 广州CBD的功能特征与空间结构 [J]. 地理学报, 2000（7）: 475-486.

[135] 阎小培. 广州产业结构的效益与演变趋势分析 [J]. 地理学与国土研究, 1998（8）: 28-31.

[136] 杨光义. 次优选择 [M]. 北京: 中国华侨出版社, 2008.

[137] 杨俊宴, 吴明伟. 中国城市CBD量化研究: 形态、功能、产业 [M]. 南京: 东南大学出版社, 2008.

[138] 杨俊宴. 城市中心区规划设计理论与方法 [M]. 南京: 东南大学出版社, 2013.

[139] 杨友仁. 金融化、城市规划与双向运动: 台北版都市更新的冲突探析 [J]. 国际城市规划, 2013, 28（4）: 27-36.

[140] 杨云鹏. 北京市制造业独立办公活动空间分布及其区位选择研究——以通信与电子设备制造业为例 [D]. 北京: 首都师范大学, 2009.

[141] 叶强, 谭畅, 赵垚. 长沙市商务办公空间集聚特征及其影响因素 [J]. 热带地理, 2022, 42（6）: 916-927.

[142] 叶振宇, 宋洁尘. 国际城市生产性服务业的发展经验及其对滨海新区的启示——以纽约、伦敦和东京为例 [J]. 城市, 2008（9）: 17-21.

[143] 易虹, 宋文雪. 陆家嘴CBD的发展趋势分析 [J]. 上海房地, 2019（8）: 22-25.

[144] 于慧芳. CBD现代服务业集聚研究 [D]. 北京: 首都经济贸易大学, 2010.

[145] 于立. 城市规划的不确定性分析与规划效能理论 [J]. 城市规划会刊, 2004（2）: 37-41.

[146] 袁奇峰. 21世纪广州市中央商务区（GCBD21）探索 [J]. 城市规划会刊, 2001（4）: 31-

37，79-80.

[147] 张成福，党秀云. 公共管理学［M］. 北京：中国人民大学出版社，2001.

[148] 张广鸿. 解读CBD［M］. 北京：中国经济出版社，2006.

[149] 张红. 房地产经济学［M］. 北京：清华大学出版社，2005.

[150] 张京详. 全球化世纪的城市密集地区发展与规划［M］. 北京：中国建筑工业出版社，2008.

[151] 张京祥，何建颐，殷洁. 战后西方区域规划环境演变、实施机制与总体绩［J］. 国外城市规划，2006（4）：67-71.

[152] 张庆，彭震伟. 基于空间聚类分析的杭州市生产性服务业集聚区分布特征研究［J］. 城市规划学刊，2016（4）：46-53.

[153] 张泉. 权威从何而来——控制性详细规划制定问题探讨［J］. 城市规划，2008（2）：34-37.

[154] 张润明. 广州中心区写字楼功能与空间分布研究-以天河中心区为例［D］. 广州：中山大学，2002.

[155] 张庭伟. 控制城市用地蔓延：一个全球的问题［J］. 城市规划，1999（8）：43-47，62.

[156] 张庭伟. 实证研究和定量分析：介绍一个案例［J］. 城市规划，2001（9）：57-62.

[157] 张伟，许继清. 空间结构视角下商务办公建筑布局特征及影响因素研究——以郑州市主城区为例［J］. 中外建筑，2020（10）：104-107.

[158] 张一帆，王艺凝. 北京市CBD写字楼租金特征价格分析［J］. 现代经济信息，2011（18）：108-110，112.

[159] 张映红. 现代中央商务区的产业集群效应——基于北京CBD的研究［J］. 经济纵横，2005（3）：27-29.

[160] 章俊华. 规划设计学中的调查分析法与实践［M］. 北京：中国建筑工业出版社，2005.

[161] 周菲. 天河商业中心区发展演化及机制研究［D］. 广州：中山大学，2006.

[162] 周国艳，于立. 西方现代城市规划理论概论［M］. 南京：东南大学出版社，2010.

[163] 周京奎. 城市土地经济学［M］. 北京：北京大学出版社，2007.

[164] 周锐波. 广州天河城市中心区商业网点分布及其空间结构研究［D］. 广州：中山大学，2005.

[165] 周素红. 高密度开发城市的内部交通需求与土地利用关系的研究［D］. 广州：中山大学，2003.

[166] 周霞. 广州城市形态演进［M］. 北京：中国建筑工业出版社，2005.

[167] 周振华. 增长轴心转移：中国进入城市化推动型经济增长阶段［J］. 经济研究，1995（1）：3-10.

[168] 朱光磊，孙涛. "规制—服务型"地方政府：定位、内涵与建设［J］. 中国人民大学学报，2005（1）：103-111.

[169] 朱介鸣，赵民. 试论市场经济下城市规划的作用［J］. 城市规划，2004（3）：43-47.

[170] 朱介鸣. 市场经济下城市规划引导市场开发的经营［J］. 城市规划汇刊，2004（4）：11-15.

[171] 朱介鸣. 市场经济下的中国城市规划［M］. 北京：中国建筑工业出版社，1990.

[172] 朱锦渭. 杭州CBD规划与钱江世纪城开发建设研究［D］. 杭州：浙江大学，2005.

[173] 朱文华. 谈我国城市规划管理体制改革［J］. 2003（5）：7-12.

致谢

本书由恩师华南理工大学肖大威教授指导，并由李彦、张源、马泽锋、杨阳、张运丰、崔杨、万府、陈之怡、康纪汇、吴靖渝、张伊蕾等研究生帮忙更新与整理数据。此外，从博士论文到书稿的最终完成，离不开已经过世的母亲黄希蓉女士的批评指正，以及妻子柏萍在家庭和事业上的帮助。一并在此致谢！

本书受广东省自然科学基金（2016A030313557）、广东省教育厅科技项目重点项目（2016JGXM_ZD_55）、广州市教育局科学规划（1201534004）、广州大学（JY201537）及广州大学出版基金等项目资助。